瘦身食材事典

100种食物
让你越吃越瘦

减重营养师
张湘宁　编著

中国農業大學出版社

序

聪明吃出健康美

瘦身减肥几乎已经成为全民运动，也有人开玩笑说，现代人分两种：想要减肥的人和正在减肥的人。媒体与报纸杂志中充斥着各种减肥的秘诀与资讯，其中不乏偏激的观念，甚至是造成身体伤害的错误方法！不要忘记身体是要用一辈子的，除了体态的均匀之美，更应该注重的是实质的身体健康，所以减肥不应该只是炒短线，徒重数字或外表，瘦了一时却赔上健康，甚至反复肥胖，造成肝肾极大的负担。

很多人误以为要减肥最好的方法是什么都不吃；或是不能吃淀粉类、肉类，每天只喝巫婆汤、蔬菜汤，甚至还有只喝汽水吃泡面等所谓的瘦身偏方，这些都对健康造成了莫大的伤害。其实要维持身体的正常运作，就应该要均衡摄取五大类营养素，只看你是不是挑对东西吃！只要对饮食具备正确观念，就一定能替自己选择真正所需的营养，而不是吃下一肚子垃圾食物。同样是水果，富含茄红素的大番茄一定优于容易上火、热量又高的芒果；而一样是肉类，低卡有嚼劲的腱子肉绝对要比五花肉来得健康多了，与其想“今天吃什么”，不如考虑“应该吃什么”。上一趟菜市场，琳琅满目的鸡鸭鱼肉青菜水果种类这么多，哪些才是对健康有益的食材？它们的特点和功效又是什么？要如何利用这些健康食材做出美味低卡的料理？就让本书通通一次告诉你。

能够完成这本书，要谢谢天主恩赐给我灵感、老公精神支持，还有婆婆宝贵意见，当然也要谢谢其他工作人员辛苦的参与。最后希望这本书能够帮助想要减肥的人，完成长久以来的心愿。从选择自然的优质食材开始，让窈窕曲线和健康身体的计划一次完成！

张湘宁

Contents 目录

在阅读本书前...

1. 食谱中的1小匙＝5毫升，1大匙＝15毫升
2. 食谱中所写的“油”，若没有特别提到是何种油，则使用一般沙拉油即可。
3. 为求拍摄时视觉上的美观，照片中食物的份量可能稍多或稍少，制作时请仍以食谱中所记载的份量为主。装饰性的材料不影响风味，可依照喜好减少或不用也无妨。
4. 书中所说的“升糖指数”也就是所谓的GI（Glycemic Index）值，指的是当人将食物吃进体内后，其相对于吃进葡萄糖时，使血糖升高的比值。简单来说，越容易使血糖快速上升的食物，其GI值就越高，例如巧克力的GI值是91，而绿茶则只有12。

Contents 目录

高纤蔬菜香 Vegetable

高纤维夜间饮食法

沁甜鲜果味 Fruit

要瘦更要美 Beauty Plus

成功瘦身
必备的14个观念

要减肥成功并不如想象中的那么容易，很多人当试过各种减肥法，例如：节食法、吃药法、苹果减肥法、吃肉减肥法，虽然能在短期间内看到效果，却无法长期保持减重成果，没有多久只要稍微正常饮食就马上像吹气球一样，快速变胖，而且身上的脂肪层和橘皮组织甚至比减肥前还要多，这是因为不均衡的饮食导致基础代谢率降低，导致不管怎么少吃都瘦不下去之外，稍微一吃多就变胖，成为俗称的“喝水都会变胖的体质”。

想要成功瘦身不复胖，你要遵守下列14个观念

1 **均衡摄取各种食物：**减肥其实并不是什么都不能吃，而是避免食用会加速制造脂肪的垃圾食物，各种食物中的营养素对于人体的能量代谢是非常重要的，有些人就是因为营养失衡，代谢紊乱，才容易变胖。这种人吃再少也不可能瘦下来，只有恢复自然的均衡营养，身体机能正常，才能排除多余的体脂肪。

2 **保持血糖值的稳定：**人体的血糖是控制食欲的主要因素，很多人为了快速减肥，完全不吃任何碳水化合物（包括淀粉类和水果）只吃肉类，导致血糖偏低，越减肥越想乱吃东西，最后失控大吃，当然不可能减肥成功，因此可以适量食用淀粉类食物来稳定血糖，但是不要过量，才能诱发能量短缺的信息，促进身体消耗脂肪。

3 **不要刺激胰岛素产生：**想要减肥成功一定要避免食用刺激胰岛素快速升高的食物，尤其是含糖饮料、点心、蛋糕；这类含糖量高的精致食物会促进胰岛素大量制造，促进脂肪合成，陷入越减越肥的陷阱。因此，体脂肪高又容易饿的人，要选择低胰岛素食物（低GI食物）帮助你稳定胰岛素的分泌。

4 **搭配个人体质，食用互补性食物：**如果你平日就是淀粉类爱好者，减肥中又选用高量的淀粉类当作减肥食材，就不可能减肥成功，这是因为身体早已经适应淀粉类，因此你必须要降低淀粉食物的比例，将份量以早上3份中午2份晚上不吃的方式调整，选用蔬菜或是肉类替代晚餐。

5 **不要长期固定吃同一种减肥食物：**人体具有适应性，一直吃很少或是都只吃同一种食物（如苹果或代餐包）不可能达到长期减肥的效果，因为基础代谢率会随着营养失衡而降低，保持食物的多样化，可以两三天更换一次，刺激人体代谢反应，让你更容易突破停滞期，体重持续减轻。

6 **一定要补充微量营养素：**减肥时因为会比平常的食物摄取量来得少，也因此有些微量营养素可能摄取不足，所以减肥中保持食物均衡多样化之外，还需要每天一或两粒的综合维生素，可帮助燃烧脂肪和能量代谢时不受到阻碍。

7 **固定测量腰围：**腰围是最能反映成功减下体脂肪的指标，如果你能够每天固定一早起来测量你的腰围，就知道自己的减肥饮食，是不是已经成功地帮你甩开肥肉，也有助于检讨你的饮食是否出现失误。

8 **不要连续吃大餐：**减肥中绝对不是要离群索居，不要社交，不要聚餐，但大餐铁定对减肥成绩会有影响，因为也许没有马上胖回来，这件事会让人失去戒心，导致饮食控制计划停摆，但如果连续吃大餐，就等于喂饱你的脂肪细胞，唤醒囤积脂肪的记忆，重新加速脂肪形成，因此大餐后最好严格节制两餐，让脂肪细胞能够缩小，不要变大。

9 **养成做调整曲线运动的习惯：**对于没时间运动的减肥者，只要每天睡前在床上侧抬大腿、踢腿，或每天抬臂100下，都可以加速局部体脂肪的消除，因为体脂肪是具有可塑性的，还能让肌肤紧实消除橘皮组织。

10 **多多按摩，促进循环：**很多人容易集中在下半身肥胖或手臂肥胖，建议你可以使用瓷汤匙由四肢外侧往心脏部位方向向内侧进行轻轻推刮或是用手按捏，记得不用像刮痧一样刮到红肿。如此可以加速淋巴循环和代谢，让下半身或手臂更快变瘦。

11 **把握黄金减肥时间：**睡前四小时所吃下的食物种类，决定你是否会变胖，如果能将食物都安排在睡前四小时以前食用完毕，减肥成功根本没问题，但是若你睡前实在很饿，想要吃东西，可以选择喝杯脱脂牛奶，吃番茄、芭乐、苹果、凉拌黄瓜等热量较低的食物，也可以参考热量低于100千卡的减肥食谱当作点心。

12 **多喝水并保持良好的排便习惯：**人体有七成以上是水分，多喝水能加速身体新陈代谢，以及防止便秘，尤其减肥中会有许多酸性的代谢废物需要快速排除，多喝水，多排尿和正常排便，便能让减肥过程中产生的废物离开身体，不至于产生阻塞效应，影响减肥速度。喝水最佳的时间是早上以及下午；睡前喝多反而容易水肿，变成反效果。

13 **享受美食，浅当即可：**不得不否认美食对于减肥者是难以抗拒的诱惑，大部分人体重会增加的主要原因，都是因为热爱美食。也因此想要在减肥和美食中获得一个平衡点相当困难，所以一定要调整自己对于食物的心态，必须从完全吃饱改为只尝一口，把自己当作品尝者，而不是大胃王。

14 **坚定信心，保持乐观：**减肥中一定会遇到一些挫折，也许当你减肥的时候，会发现旁人说："减什么肥？""减肥，不差这一餐吧？""下一次再减？"各种阻碍性的言语，若是你自己都认同了，那减肥成功对于你真的是遥遥无期，因此不要怀疑自己的能力，只要努力做，就会有成绩，就怕自己也欺骗自己，不相信自己可以成功。若是遇到停滞期就放轻松，多游泳或泡澡，改变食物种类，睡眠充足，身体代谢自然会恢复，持续坚定就会降到标准体重。

饱足淀粉类
Amylum

淀粉类，是主要提供碳水化合物（又称糖类）的来源，
热量密度高，每100克约有70千卡，远高于蔬菜的25千卡。
我们每日摄取的主食多半是淀粉类，因此每日淀粉类的摄取量，
可说是减肥成功与否的关键。

以控制糖类摄取减重的方法，主要有以下两种：

低糖饮食减肥法 Low Carbo Diet—减糖比减脂更有效

重点是将每日糖类热量的摄取量控制在120克以下，并大量摄取蔬菜和蛋白质。早在2003年已经由英国新英格兰期刊中证实低糖饮食比低油饮食，能帮助肥胖者降低更多的体重和血脂肪，并改善胰岛素的敏感性。

低胰岛素饮食减肥法 Low GIDiet—马上脱离暴饮暴食

简单说就是避免食用会刺激大量胰岛素分泌的食物。因为当人体血液中的胰岛素过高时，就会刺激脂肪合成，导致血糖快速降低造成饥饿感，让人忍不住大吃大喝。所以升糖指数（GI）值高的食物，容易导致肥胖、糖尿病、心血管疾病、高血脂症等并发症。

美国医学期刊（JAMA）研究发现低胰岛素饮食可以少吃入53%的热量。选择低胰岛素减肥食物，不但避免胰岛素的大量分泌，也可减少体脂肪的产生。

淀粉类食材选购方法

1. 选择谷粒坚实，均匀完整，没有发霉，无沙粒、虫等异物。
2. 选购时要注意包装完整，保存期限。
3. 糙米因为含有胚芽，容易腐败不易保存，最好买小包装。
4. 根茎类如：甘薯、马铃薯、芋头，要选购大颗完整无发芽者、损伤，发霉，因为马铃薯、甘薯发芽，或感染霉菌时，就会含有毒素，切勿食用。
5. 莲藕以圆胖、节粗、外皮光滑微红、质地坚实、茎中空，气孔洞大者为佳。不要买太白的，可能会添加漂白剂。

淀粉类的保存方法

1. 放在密闭、干燥容器内，置于阴凉处。
2. 勿存放太久或置于潮湿之处，以免虫害及发霉。
3. 薯类保存比照水果蔬菜，清洁后用纸袋或多孔胶袋套好放在阴凉处，或放置于保鲜袋中冷藏保存。
4. 谷类保存时可以放置于密封罐中，避免空气接触，置于干燥阴凉处。

Tips 绝对不能不吃淀粉类！

饮食只摄取蛋白质及脂肪，身体会倾向分解脂肪来合成酮体，严重时造成“酮酸中毒”，此时会流失大量的水分，体重自然下降非常快。但这种方式，会造成蛋白质摄取过多，产生高尿酸、减去的是肌肉，当又复胖时，增加的却是脂肪，称之为溜溜球症状。

保留全米的完整营养

糙米
Brown Rice

糙米的多种维生素、矿物质、氨基酸集中在胚芽部分，不像白米因为去除胚芽后营养素丧失许多。糙米的维生素B_1是白米的3倍，维生素B_6与烟碱素是白米的8倍，可以促进能量代谢，让人更有元气。糙米含有多种抗氧化物质，其中维生素E含量是白米的5倍，还有酚酸、羟基桂皮酸盐，可以消除因为体脂肪过高产生的自由基，具有预防慢性疾病，延缓老化的作用。

糙米属于低胰岛素减肥食物之一，不含胆固醇，可以减缓胰岛素的上升，降低脂肪的合成，因此具有减肥效果。糙米带麸皮，因此膳食纤维质含量高达白米的12倍，不但具有整肠改善便秘的作用，还让人容易有饱足感，降低血脂肪，促进胆固醇的排泄。糙米中的钙质是白米的2倍，研究指出摄取钙质高的人，比较不容易发生过重、肥胖的问题。

糙米牛井饭

懒人指数：★★★★☆　　减肥指数：★★★★☆　　烹饪难度：★★★☆☆

材　料：糙米（生）50克、牛肉60克、洋葱50克、香菇1朵、开水200毫升

调味料：低盐酱油1大匙、味醂1大匙

做　法：1.将牛肉切成条状，洋葱切成3厘米宽条，香菇切丝备用。

2.所有调味料放入锅内加热，煮滚后加入牛肉、洋葱煮5分钟。

3.把糙米饭盛入大碗后，淋上做法2的配料即可食用。

热量(kcal)	糖类(g)	蛋白质(g)	脂肪(g)	膳食纤维(g)
405	55	19	12	4

※营养师的叮咛：

糙米饭可预先一次炊煮多餐的份量，用保鲜袋装好冷藏保存，熟的糙米饭每次取用量需为125克。

糙米
牛井饭

小肚肚不见了！

小米
Millet

小米不含胆固醇，维生素B群和纤维质含量远超过白米。膳食纤维质是白米的13倍，甚至比糙米还高，让人更容易有饱足感，在减肥中不容易饥饿乱吃，减少多余热量的摄取。

小米也属于低胰岛素减肥食物之一，可以降低热量转换成脂肪储存的速度，达到减肥的效果。针对有小腹的人，小米中丰富的镁元素，是白米的6.6倍。可以促进热量的代谢与消耗，避免热量堆积转换成脂肪，还能防止便秘，帮助肠胃废物的排出，避免小腹鼓起。

超丰富的维生素B群，有助于热量的转换、消耗，以及提振精神。小米所含的维生素B_1和维生素B_2是白米的5倍，烟碱素是白米的7倍，维生素B_6是白米的17倍。中年肥胖者，长期补充维生素B群，可以促进新陈代谢，显著减少体重的增加。

小米滑蛋牛肉粥

懒人指数：★★★★☆　　减肥指数：★★★★☆　　烹饪难度：★★★★★

材　料：小米50克、牛肉薄片60克、高汤600毫升、鸡蛋1颗、蒟蒻结100克

腌肉料：米酒1小匙、酱油1小匙、太白粉1小匙

调味料：胡椒盐少许、葱末少许

做　法：1.牛肉切薄片加入腌肉料腌10分钟后备用；蒟蒻结以盐水洗净备用。

2.将高汤与小米加入汤锅中，大火煮滚后，再放入牛肉、蒟蒻煮2分钟。

3.打上蛋花搅拌均匀，撒上胡椒盐、葱末调味即成。

热量(kcal)	糖类(g)	蛋白质(g)	脂肪(g)	膳食纤维(g)
413	38	27	17	5

※营养师的叮咛：

超市买回的蒟蒻丝要用盐水重复搓洗2～3次，才能去除碱水的腥味，用不完的蒟蒻丝可以放入保鲜盒中冷藏保存2周。

血管清道夫

燕麦
Oat

燕麦是降低胆固醇的重要保健食品。研究证实食用燕麦能够显著减少肝脏脂肪的堆积，清除血脂肪，降低胆固醇，因此有“血管清道夫”的美誉。它的抗氧化物质丰富，尤其是维生素E是白米的13倍，另外，它富含酚酸，可以清除脂质自由基，具有抗发炎、防动脉硬化的功效。

燕麦是低胰岛素减肥食物之一，能降低脂肪合成的速度。燕麦营养丰富，含有多种氨基酸、维生素、矿物质，其中维生素B_1是白米的5倍，钙质是白米的6倍，铁是白米的16倍，镁是白米的6倍，高量的镁元素可以促进热量代谢，减少脂肪囤积，改善便秘，消除小腹。惊人的是燕麦含有的纤维质是所有谷类中最高的，相当于白米的25倍，糙米的2倍，它的高纤含量及食疗效果，常常被拿来当作减肥饼干、代餐的原料。

草莓燕麦牛奶粥

懒人指数：★★★★☆　　减肥指数：★★★★☆　　烹饪难度：★★☆☆☆

材　料：大燕麦片40克、低脂鲜奶240毫升、草莓5粒

做　法：1.将低脂鲜奶用微波炉加热2分钟。

2.加入大燕麦片搅拌，待燕麦片膨胀后，放上洗净的草莓即成。

热量(kcal)	糖类(g)	蛋白质(g)	脂肪(g)	膳食纤维(g)
286	44	13	7	4

※营养师的叮咛：

选购时不要挑磨细的燕麦粉，要买完整压平的大燕麦片，纤维质才能完全保留。

懒人的减肥伙伴

全麦吐司
Wheat Toast

以100克来比较，全麦土司的热量比白米少63千卡，也因此很多减肥餐都以全麦吐司当作食材。它不含胆固醇，营养价值高，含有白米、糙米所缺的维生素B_{12}以及维生素A，具有很好的抗氧化效果，因为维生素E是白米的7倍，可以消除脂质自由基。对于新陈代谢率低以及年纪超过30岁的人，它有丰富的综合维生素B群，其中维生素B_1和维生素B_2是白米的3～4倍，维生素B_6是白米的6倍，烟碱素是白米的3倍，都可以促进新陈代谢的提升和热量消耗。

全麦吐司纤维质相当于白米的16倍，糙米的1.3倍，可以快速降低血脂肪，解决肥胖以及容易饥饿等问题。全麦吐司含有的镁元素是白米的3倍，可以促进热量的消耗，协助脂肪分解酶的活化，改善便秘，降低血脂。全麦吐司食谱容易准备以及携带，因此很适合上班族或是外食族在减肥中食用。长期吃素的人容易有恶性贫血，每100克的全麦吐司含有0.21微克的维生素B_{12}和1.2毫克的铁，可以改善和预防贫血。

全麦低脂三明治

懒人指数：★★★★☆　　减肥指数：★★★★☆　　烹饪难度：★★★☆☆

材　料：全麦吐司25克（约1片）、鸡胸肉30克、小黄瓜20克、玉米笋20克、红甜椒10克

调味料：胡椒盐少许

做　法：1.小黄瓜、红甜椒、玉米笋洗净后用盐水汆烫一下，切条备用。

2.将鸡胸肉切片，撒上胡椒盐搓一搓，放入烤箱以180℃烤10分钟，取出切条状备用。

3.全麦吐司烤热，依序夹上肉条、小黄瓜、玉米笋、甜椒条，再用寿司海苔片包卷起即成。

热量(kcal)	糖类(g)	蛋白质(g)	脂肪(g)	膳食纤维(g)
127	16	12	2	2

※营养师的叮咛：

不可改用白吐司，白吐司胰岛素值（升糖指数）高，容易导致饥饿感。

全麦低脂
三明治

美白瘦身一次完成

马铃薯
Potato

马铃薯是欧美家庭最爱的主食，每一餐都少不了它。马铃薯不含胆固醇，热量比白米低，相同重量下热量只有白米的1/4，但膳食纤维质却是白米的8倍。以马铃薯减肥一定要连皮吃，效果才好，去皮吃反而容易吃多而变胖。因为连皮一起吃，可以吃进更多的纤维和多酚，增进饱足感，提高抗氧化力，消除脂质自由基，降低血脂。

马铃薯中有丰富的维生素C，具有美白作用，韩国艺人甚至用马铃薯泥当面膜敷脸，来保持肌肤白皙。马铃薯中的钾是白米的4倍，烟碱素是白米的2倍，维生素B_6是白米的3倍，铁是白米的3倍，这样丰富的钾和维生素B群，可以帮助糖类、脂肪、蛋白质的代谢，以及稳定血压。

低脂起司烤马铃薯

懒人指数：★★★★☆　减肥指数：★★★★☆　烹饪难度：★★☆☆☆

材　料：马铃薯200克（中型1颗）、青花菜10克、低脂起司一片、美生菜100克

调味料：胡椒盐少许

做　法：1.青花菜洗净后用沸水汆烫3分钟捞起剁碎；低脂起司切成短细丝备用。

2.马铃薯连皮洗净切片，铺上低脂起司丝，包上锡箔纸放入烤箱以180℃烤20分钟，撒上青花菜末、胡椒盐，铺上美生菜一起食用即可。

热量(kcal)	糖类(g)	蛋白质(g)	脂肪(g)	膳食纤维(g)
244	37	11	3	2

低脂起司
烤马铃薯

富含纤维质的黄金美味

南瓜

Pumpkin

南瓜俗称“金瓜”，属于低胰岛素减肥食物，不含胆固醇。食用南瓜替代白米饭，可以减少胰岛素过度产生，降低脂肪合成速度。同样100克来分析，南瓜的热量只有白米的1/6，膳食纤维质含量是白米的9倍，是超低热量，高纤维特性，味道香甜可口，让人充满饱足感的美味减肥食品。南瓜富含维生素A，在杂粮中仅次于甘薯，可以减少体重增加以及脂肪的囤积。

南瓜含有多酚类物质，提供抗氧化力，协助消除人体内过多的脂质自由基。若是连籽一起食用，具有治疗忧郁症的作用，南瓜子丰富的锌以及植物固醇类，还可以预防男性前列腺肥大，促进酶活化。

健康南瓜汤

懒人指数：★★★★☆　　减肥指数：★★★★☆　　烹饪难度：★★★☆☆

材　料：南瓜100克、洋菇50克、低脂鲜奶120毫升

调味料：黑胡椒、盐少许

做　法：1.洋菇洗净切小丁备用。

2.南瓜洗净连皮切小块，放入电锅蒸熟后连同低脂鲜奶放入果汁机搅打备用。

3.锅中加入400毫升水、洋菇煮滚后，再倒入南瓜牛奶汁搅拌一下，以黑胡椒、盐调味即成。

热量(kcal)	糖类(g)	蛋白质(g)	脂肪(g)	膳食纤维(g)
125	21	8	2	3

※营养师的叮咛：

烹调南瓜时最好连皮一起煮，减肥效果更好。

山药

Yam

山药又名薯蓣、淮山，在《神农本草经》还将山药列为上品药材，可供食用、药用或保健。因为它的保健成分多种，含有维生素A、维生素C、维生素E、维生素B_1、维生素B_2及磷、钙、钾、镁、硫等矿物质和微量元素铁、锌、铷、锶，此外还含有胆碱、尿囊素、糖蛋白、黏液质、淀粉酶、多酚氧化酶、薯蓣皂甘配基、多种必需氨基酸及抗氧化酶等成分，可以增强身体机能，活化酶，增强免疫，防止动脉硬化。

同样100克相比较，山药热量只有白米的1/5，纤维质是白米的3倍。以山药替代白米食用，的确能够降低热量摄取，达到减肥效果。山药含有丰富的抗性淀粉，不易被肠胃道酶消化，属于低胰岛素减肥食物，不容易刺激胰岛素，减少脂肪的合成。

特殊的山药品种如D.colettii等含有一种固醇类皂素配质，可作为合成荷尔蒙的材料，调节生理机能。山药还具有抗氧化、抗衰老作用，能预防心血管疾病的发生，防止肝脏与肾脏中结缔组织的萎缩。对于肠胃不好的人，山药的黏液质可以提供黏膜的保护作用。

山药香菇鸡汤

懒人指数：★★★★☆　　减肥指数：★★★★☆　　烹饪难度：★★★☆☆

材　料：山药200克、鸡胸肉60克、干香菇2朵、开水2碗

调味料：鲜鸡精粉1/2小匙、盐少许

做　法：1.香菇泡软对切，鸡胸肉洗净切小块。

2.将开水大火煮滚后加入香菇、鸡胸肉，先以中火煮10分钟，再加入山药煮5分钟后加调味料即成。

热量(kcal)	糖类(g)	蛋白质(g)	脂肪(g)	膳食纤维(g)
170	18	18	4	3

少女最爱的低卡面食

意大利面

Pasta

意大利面又称为通心面，是零胆固醇食物，同样100克而言，热量与白米饭相近。但是因为它的膳食纤维质高出白米4倍，体积大，所以很容易让人饱足。此外，它的铁质丰富，是白米的6倍，有益于预防贫血。钾是白米的2倍，可降低血压。

意大利面也是低胰岛素减肥食物之一，具有减缓胰岛素上升速度，降低脂肪合成，帮助减肥，降低血脂的作用。意大利面中丰富的维生素B_2、烟碱素约为白米的2倍，维生素B_6是白米的8倍，可以促进糖类、脂肪、蛋白质代谢。其中烟碱素还具有改善循环，及降低血胆固醇的功效。镁含量略高于白米2倍，促进热量的消耗与代谢，增加脂肪分解酶的活化，降低血脂。意大利面中的钙质是白米的3倍，多摄取钙质比较不容易发生过重、肥胖、胰岛素阻抗等问题。

番茄意大利面

懒人指数：★★★☆☆　　减肥指数：★★★★☆　　烹饪难度：★★☆☆☆

材　料：意大利面（生）40克、大番茄100克、洋菇50克、瘦肉30克

调味料：盐少许、番茄酱1大匙

做　法：1.大番茄洗净切碎；蘑菇洗净切片备用。

2.意大利面放在滚水中煮熟后捞起，略泡冷开水沥干备用。

3.锅中加入水100毫升、番茄酱、番茄、洋菇、瘦肉煮滚后加盐调味，淋上意大利面一起食用即成。

热量(kcal)	糖类(g)	蛋白质(g)	脂肪(g)	膳食纤维(g)
271	40	15	6	4

番茄
意大利面

明星级的消肿圣品

薏仁

Pearl Barley

薏仁又叫做“薏苡仁”，是中药材的一种。它含有丰富的蛋白质、薏苡素、薏苡多糖、维生素B群、矿物质，能促进身体新陈代谢、使细胞活化，加速排除体内异物。薏仁具有消除水肿、利尿的作用，适合下半身容易水肿肥胖者当作减肥食品。

常吃薏仁能帮助新陈代谢，稳定神经，另外，薏仁含有丰富的镁元素，含量是白米的9倍，不但能促进代谢与消耗，减少热量囤积成脂肪，还能防止便秘，帮助肠胃废物的排出，避免小腹变大。不过注意薏仁会刺激子宫收缩，孕妇应避免食用。

菇豆薏仁饭

懒人指数：★★★★☆　　减肥指数：★★★★☆　　烹饪难度：★★★☆☆

材　料：生薏仁40克、杏鲍菇100克、鸡胸肉30克、毛豆仁50克、开水100毫升

调味料：鸡精粉1/2小匙、盐1小匙、胡椒盐少许、葱末少许

做　法：1.开水加入鸡精粉拌匀备用；杏鲍菇洗净切薄片，撒上少许胡椒盐拌匀。

2.鸡胸肉氽烫后捞起，剥成细丝备用；再加入1小匙盐到剩下的沸水中，放入毛豆仁烫熟捞起。

3.把薏仁、鸡精水、杏鲍菇一起放入电锅中蒸熟后，拌入鸡丝、毛豆仁即成。

热量(kcal)	糖类(g)	蛋白质(g)	脂肪(g)	膳食纤维(g)
279	37	22	6	4

100%零胆固醇

荞麦

Buckwheat

荞麦具有黑色外皮，生长力强，不含胆固醇，含有多种含硫的氨基酸、维生素、矿物质，富有营养价值。荞麦的铁质和纤维是白米的10倍，常食用荞麦可以促进肠子蠕动，大便通畅，促进体内废物排除，有降低血脂，净化血液功效。

荞麦含有丰富的生物类黄酮，就是“维生素P”，其中的芸香及槲皮素，能活化抗凝血因子，达到抗预防血管栓塞、避免罹患心血管疾病的功效。多吃荞麦，能帮助排除胆固醇，降低血脂。抗氧化的维生素E是白米的3倍，负责消除脂质自由基和维护心血管的健康。

荞麦的镁是白米的10倍，可以调节神经肌肉活性，将血糖转成能量使用，燃烧热量，以及消除便秘问题。对于代谢差的人，荞麦有丰富的维生素B群，维生素B_1和维生素B_2是白米的5~6倍，维生素B_6是白米的15倍，烟碱素是白米的6倍，可以润泽皮肤，帮助热量代谢，促进酶活化。

荞麦干贝皮蛋粥

懒人指数：★★★★☆　　减肥指数：★★★★☆　　烹饪难度：★★★☆☆

材　料：荞麦40克、干干贝10克、金针菇100克、水500毫升、皮蛋1颗

调味料：鸡精粉1/2小匙、胡椒盐少许、葱末少许、米酒1/4小匙

做　法：1.将浸泡好的荞麦洗净；金针菇洗净切小段备用。

2.干干贝泡水30分钟捞起，连同米酒与少许水加入碗中，微波炉加热10分钟，拿出用手撕成丝状。

3.汤锅加水、荞麦一起煮滚后，改成小火加入金针菇熬成粥，再加入干贝丝、鸡精粉、胡椒盐、葱末调味，最后拌入切好的皮蛋即成。

热量(kcal)	糖类(g)	蛋白质(g)	脂肪(g)	膳食纤维(g)
303	42	21	8	4

※营养师的叮咛：

荞麦不易煮熟，可先浸泡一晚。

最适合水肿体质的主食

莲藕
Lotus root

莲藕是水生植物中最有营养的食物，因为它低钠、高钾又利尿的特质，适合容易水肿型的人当作减肥食物。而每100克的莲藕（约7厘米长），含有74千卡的热量，蛋白质1.8克，糖类17克，膳食纤维2.7克。

100克莲藕的热量只有白米的1/5，膳食纤维质含量是白米的9倍，具有超低热量高纤维的特性，又不含胆固醇，若是以莲藕替代白米饭，可以降低热量摄取，又有饱足感，可以有效降低体重和体脂肪。

在淀粉类中莲藕的维生素C含量最高，每100克含有42毫克的维生素C，研究发现维生素C的耗尽，会有体脂肪的阻抗性，让减肥更加困难，餐中增加维生素C摄取，会降低升糖指数。莲藕是低胰岛素减肥食物之一，可以减少胰岛素过度产生，降低脂肪囤积。

莲藕肉丝汤

懒人指数：★★★★☆　　减肥指数：★★★★☆　　烹饪难度：★★☆☆☆

材　料：莲藕100克、猪肉丝70克

调味料：盐少许

做　法：1.莲藕削皮切成2厘米宽度，猪肉丝先用热水氽烫去除血水以及油脂。

2.汤锅加水600毫升煮滚，放入莲藕、肉丝后转小火煮10分钟，最后以盐调味即成。

热量(kcal)	糖类(g)	蛋白质(g)	脂肪(g)	膳食纤维(g)
162	17	16	4	3

※营养师的叮咛：

将切好的莲藕放入清水或醋水中浸泡，可防止变色还可去涩味。

莲藕
肉丝汤

美白瘦身一次完成

芋心甘薯

Purple sweet potato

芋心甘薯是甘薯的一种，果肉呈现紫色，因此而得名。研究发现芋心甘薯含有丰富的紫色花青素可以抑制肠道蔗糖水解酶、麦芽糖水解酶的作用，因而可以减少淀粉质的吸收，达到减肥的效果，所以芋心甘薯已经成为替代白米饭的新减肥圣品。此外，甘薯含有高量的维生素A，每100毫克约含有1 520单位，含量居杂粮类之冠，可以减少体重增加和脂肪的囤积。

芋心甘薯为零胆固醇食物，同样重量而言热量远低于白米，约为白米的1/3，膳食纤维质含量是白米的12倍，因为具有低热量以及高纤维的特性，非常适合爱吃淀粉类的人当作减肥的主食，它可以提供较高的饱足感，却不容易发胖。此外，还有丰富的维生素C，帮助降低升糖指数，因此也属于低胰岛素减肥食物之一。它的钾是白米的4倍，帮助降低血压。钙质是白米的6倍，有助于抑制脂肪合成和刺激脂肪分解。铁是白米的3倍，长期吃可以预防贫血发生。

芋心甘薯抗氧化效果佳，含有丰富抗氧化物质，如多酚类、类黄酮、绿原酸，能将过多脂质自由基消除。含有2种天然醯化花青素，比维生素C具有更强的抗氧化力，可以清除脂质自由基，降低血脂，有防止动脉硬化，保护肝脏的作用。

烤芋心甘薯

懒人指数：★★★★★　　减肥指数：★★★★★　　烹饪难度：★☆☆☆☆

材　料：芋心甘薯100克

做　法：芋心甘薯洗净不去皮，包上锡箔纸放入烤箱以180℃烤20分钟即成。

热量(kcal)	糖类(g)	蛋白质(g)	脂肪(g)	膳食纤维(g)
124	29	1	0	2

烤芋心
甘薯

丰富蛋白质
Protein

高蛋白食物包括家禽、家畜、海鲜、鱼贝等肉类，
蛋类以及奶类。因为人体消耗能量的顺序是糖类→脂肪→蛋白质，
故单独食用高蛋白质饮食减肥早已盛行多年，虽然能快速减轻体重，
但是副作用太多，容易导致脱水、高尿酸、痛风、
血胆固醇过高、酮酸中毒、钙质过度排泄等，
严重时对于少部分人会有引发急性肾衰竭的危险，
所以并不是一个绝对安全的减肥方法。

因此出现了新一代改良的高蛋白减肥法：

低糖高蛋白饮食法—最不易复胖的减重法

配合低糖类的饮食，选用低升糖指数的食物，控制糖类食物的摄取在总热量40%以下，避免让身体处在无糖的危险中，较不容易有副作用产生，临床研究也证实采用低糖高蛋白减肥法，比低油饮食更能减去更多的体重和燃烧更多的体脂肪，且更不容易复胖。

蛋白类食材选购方法

检查包装是否良好、无破损、无异味、颜色异常，以及在有效期限之内。若是肉品，注意颜色是否已转暗红或有异味，选 时尽量挑选新鲜的。

肉品的保存方法

买回来的肉品，分成一次使用的小包装冷冻保存，每次使用可取一小包解冻，不要反复冷冻。冷冻肉品应在保存期限内使用完。分装时要注明保存期限。

一般肉品解冻方法

肉类制品常有冷冻保存后再加热的情况，要注意以下几点：

1. 放入冰箱冷藏室解冻需要4～8小时。
2. 放入水中以流水解冻需要 2小时。
3. 将肉品移入可以微波的容器或包装当中，放入微波炉，3～5分钟。

Tips
绝对不能
长期单一食用
高蛋白饮食

蛋白质分解后会产生有毒的含氮物质，这时必须借助肝脏的解毒作用，将其转化成毒性较低的肌酐酸、尿素、尿酸，再经由肾脏随尿液排出体外，不当的高蛋白饮食法，会加重肝、肾的负担。

含锌量No.1

牛肉
Beef

牛肉每100克含有热量109～390千卡，蛋白质11.7～38克，脂肪2.4～37.7克，以及维生素A、维生素E、维生素B_2、维生素B_6、维生素B_{12}、钾、镁、铁、锌，不同部位热量和脂肪含量差异很大。依照热量由低到高排列，依序为牛肚、牛腿肉、牛腱、牛后腿股肉、牛肋条、牛腩、牛小排，其中脂肪最高的是牛腩、牛小排，脂肪含量分别是牛肚的12倍和16倍。

所以减肥中食用的牛肉部位，建议多选用牛肚、牛腿、牛腱，不但热量和脂肪都较低，而且嚼劲好，能让人多咀嚼而增加满足感。

牛肉中含有丰富的锌，参与多项的重要生理功能，帮助抗氧化酶合成，基因合成、细胞分化和维持其他多种酶的活性。研究发现肥胖者血液中锌含量较低，可多吃牛肉补充锌。

低卡可乐卤牛腱

懒人指数：★★☆☆☆　　减肥指数：★★★★★　　烹饪难度：★★★★☆

材　料：牛腱100克、墨斗鱼蒟蒻片100克

调味料：健怡可乐1罐、姜片4片、低盐酱油3大匙

做　法：1.蒟蒻片用盐搓洗3次去除腥味备用；牛腱切小块备用。

2.蒟蒻片与牛腱汆烫后捞起沥干，置入盘中。

3.再加入姜片、可乐、酱油、蒟蒻片，以强火微波30分钟即成。

热量(kcal)	糖类(g)	蛋白质(g)	脂肪(g)	膳食纤维(g)
147	5.4	20.5	4.1	4.4

风味独特的低脂肉类

鸭肉
Duck

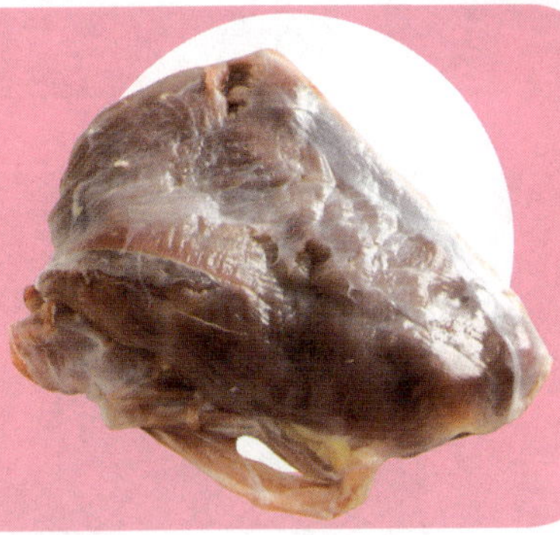

每100克的鸭肉含有热量111千卡，蛋白质20.9克，脂肪2.4克，钾317毫克，镁27毫克，磷242毫克，铁3.8毫克，烟碱素3毫克，以及0.36毫克维生素B_1，0.52毫克维生素B_2，0.38毫克维生素B_6和2.79微克维生素B_{12}。

鸭肉的热量低，肉质纤维比鸡肉粗，所以也更有嚼劲，能增加咀嚼次数，容易有饱足感。买时记得选择一般鸭肉即可，因为每100克红面正番鸭的热量比一般鸭肉多了113千卡，脂肪含量更是一般鸭肉的8倍，应避免选用。

当归鸭肉汤

懒人指数：★★★★☆
减肥指数：★★★★☆
烹饪难度：★★☆☆☆
材　料：鸭肉100克、圆白菜100克、当归1片、枸杞10克、黄芪10片
调味料：米酒1小匙、盐少许
做　法：1.圆白菜洗净后剥片备用；中药食材洗净备用；鸭肉洗净切块备用。
2.汤锅中加水500毫升以及中草药食材煮沸，转小火放入鸭肉、圆白菜小火煮20分钟，最后加米酒和盐调味即成。

热量(kcal)	糖类(g)	蛋白质(g)	脂肪(g)	膳食纤维(g)
176	12	23	3	3

酸菜鸭肉汤

懒人指数：★★★★★
减肥指数：★★★★☆
烹饪难度：★★☆☆☆
材　料：酸菜100克、鸭肉100克、姜丝25克、葱30克
调味料：盐1小匙、味精1小匙、米酒1大匙
做　法：1.鸭肉切小块，酸菜切片，葱切段备用。
2.微波锅内先放入鸭块、酸菜、姜丝、葱段、盐、味精，再加入800毫升热开水，高火微波20分钟，最后加入米酒即成。

热量(kcal)	糖类(g)	蛋白质(g)	脂肪(g)	膳食纤维(g)
160	3	22	3	3

口感多变的国民美食

猪肉
Pork

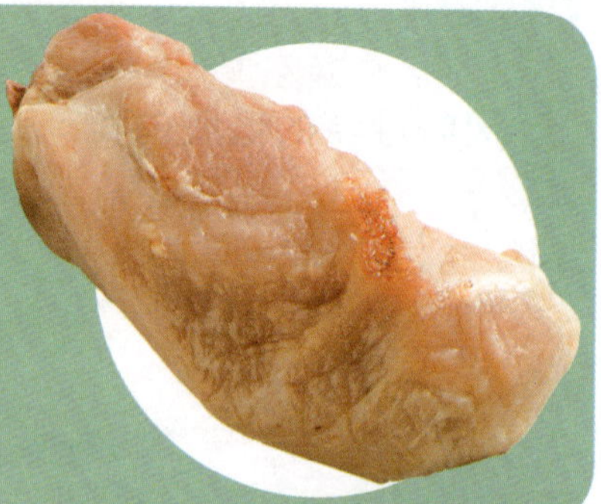

猪肉成分包括必需氨基酸、蛋白质、脂肪、钙、磷、钾、镁、铁、硒、维生素A、维生素E、维生素B_{12}、维生素C、烟碱素，猪肉的部位不同，所含饱和脂肪酸的量差异很大，一般而言内脏部分的饱和脂肪酸含量最高，绝对不可以食用。建议食用的部分是猪的前后腿肉、猪腱肉、猪颊肉，这些部位的饱和脂肪酸较低，单元不饱和脂肪酸和多元不饱和脂肪酸较多，才适合减肥中食用。

高升腿肉

懒人指数：★★★★☆
减肥指数：★★★★☆
烹饪难度：★★★★☆
材　料：猪腿肉100克、蒜头1颗
调味料：米酒1小匙、黑醋2小匙、糖1小匙、酱油4小匙
做　法：1.腿肉洗净去肥肉备用，每块肉以刀背轻拍5～10下使肉质松软。蒜头拍碎去皮备用。
2.锅中热油一小匙，爆香蒜头。
3.放入肉片炒至肉略熟，再放入米酒、醋、糖、酱油炒1分钟。
4.加水100毫升，以中火煮沸后转小火，捞去泡沫煮至汤汁收干即成。

热量(kcal)	糖类(g)	蛋白质(g)	脂肪(g)	膳食纤维(g)
197	4	22	8	0

蒜泥腱肉

懒人指数：★★★★☆
减肥指数：★★★★★
烹饪难度：★★★☆☆
材　料：猪腱肉100克
调味料：酱油膏1大匙，蒜末1大匙，调匀成蘸料。
做　法：1.猪腱肉洗净切成薄片，放入锅中烫熟捞起。
2.将肉片蘸取蘸料食用。

热量(kcal)	糖类(g)	蛋白质(g)	脂肪(g)	膳食纤维(g)
147	3	22	5	0

蒜泥
腱肉

美味又不易囤积体脂肪

鸡肉

Chicken

鸡肉每100克含有热量102～248千卡，蛋白质14.9～25.2克，脂肪0.1～19.9克，以及多种维生素、钾、镁，不同部位热量和脂肪含量差异很大。依照不同种类而言，乌骨鸡的热量最低，次为土鸡，而肉鸡热量较高，所以选购时可以依照此原则。

不同部位的鸡肉以热量由低到高排列，依序为里脊肉、鸡胸肉、乌骨鸡、鸡胗、鸡肝、棒棒腿、清腿、鸡排、三节翅、鸡爪、鸡心、二节翅。鸡肉中的饱和脂肪酸含量比猪肉、牛肉都来得低，较不容易囤积脂肪和造成血脂肪过高的问题。

鲜橙鸡柳

懒人指数：★★★☆☆

减肥指数：★★★★☆

烹饪难度：★★★★☆

材　料：鸡胸肉60克、柳橙1颗、小黄瓜 50克、洋葱25克、原味无糖酸奶100克、红甜椒末少许

做　法：1.汤锅中加水煮滚后放入鸡胸肉煮熟，捞起切细条。

2.柳橙对切榨汁；小黄瓜洗净后切长条；洋葱洗净去皮泡水后切丝，加入盐水氽烫后备用。

3.柳橙汁加入酸奶拌成鲜橙酱。

4.碗中放入鸡肉条、小黄瓜、洋葱、红甜椒，再淋上鲜橙酱即成。

热量(kcal)	糖类(g)	蛋白质(g)	脂肪(g)	膳食纤维(g)
242	33	19	5	4

鲜橙
鸡柳

100克海蛤＝100克蔬菜

蛤蜊

Clam

每100克的蛤蜊肉含有热量69千卡、蛋白质11.4克、脂肪0.7克、胆固醇56毫克、钠469毫克、钾132毫克、镁47毫克、铁12.9毫克、锌1.2毫克、烟碱素1.9毫克，以及0.7毫克的维生素B_2和74.7微克的维生素B_{12}。在肉类中的热量远低于猪、鸡、牛、羊。尤其是海蛤肉100克只含有25千卡的热量，几乎与蔬菜相同，可以说是减肥中最好的蛋白质食材。

蛤蜊富含有牛磺酸，能够降低血液和肝脏中胆固醇的含量，此外也含有高量的镁，帮助热量的消耗与代谢，维持脂肪分解酶的活性，还能降低三酸甘油酯。缺乏镁会增加胰岛素的阻抗性，引发肥胖和糖尿病。研究指出肥胖者镁的摄取量普遍不足，多摄取镁有助于维持苗条身材。

姜丝蛤蜊汤

懒人指数：★★★★★　减肥指数：★★★★★　烹饪难度：★★☆☆☆

材　料：文蛤20个、姜丝25克

调味料：米酒1小匙、盐少许

做　法：1.蛤蜊泡盐水吐沙备用。

2.汤锅加600毫升水，煮沸后放入蛤蜊、姜丝，转中火煮到蛤蜊壳开，最后以盐和米酒调味即成。

热量(kcal)	糖类(g)	蛋白质(g)	脂肪(g)	膳食纤维(g)
109	9	15	1	2

章鱼

Octopus

章鱼是低热量低脂食物。每100克的章鱼含有61千卡热量、糖类0.9克、蛋白质13克、脂肪0.6克。

章鱼含有丰富的白氨酸，属于支链氨基酸之一，同样可以增加瘦肉组织的保留，刺激肌肉蛋白质合成，提高基础代谢率，减少脂肪囤积。因为不含任何饱和脂肪酸，不会增加肥胖负担，是很好的减肥食物。

芥末章鱼

懒人指数：★★★★★
减肥指数：★★★★★
烹饪难度：★★☆☆☆
材　料：章鱼100克、嫩姜50克
调味料：芥末酱1小匙、低盐酱油1大匙
做　法：1.嫩姜洗净切薄片与盐抓拌后腌渍20分钟，再次洗净后放入碗中加入糖和醋拌匀，即成醋姜片。
2.芥末放入碗中加上酱油调匀。
3.章鱼撕去外膜洗净切小块，以滚水汆烫捞起，加入醋姜蘸裹芥末酱汁一起食用。

热量(kcal)	糖类(g)	蛋白质(g)	脂肪(g)	膳食纤维(g)
82	4	15	1	1

番茄味噌章鱼

懒人指数：★★★★★
减肥指数：★★★★★
烹饪难度：★★☆☆☆
材　料：章鱼100克、大番茄100克
调味料：番茄酱2小匙、白醋1大匙、味噌1小匙、糖1小匙、盐1/4小匙
做　法：1.将大番茄洗净剁碎，加入番茄酱、白醋、味噌、糖、盐拌匀即成酱汁。
2.章鱼撕去外膜洗净，切小块放入滚水中汆烫捞起备用。
3.将章鱼蘸裹上酱汁即可食用。

热量(kcal)	糖类(g)	蛋白质(g)	脂肪(g)	膳食纤维(g)
140	15	16	1	2

窈窕淑女的红粉知己

草虾
Shrimp

虾子属于甲壳类，富含有蛋白质和钙质。每100克的虾仁含有51千卡热量，蛋白质12.1克、脂肪0.3克，并有多种能帮助瘦身的矿物质如：钙、镁、铁、锌等。虾子的种类多，热量略有差异，多半介于51～98千卡，由低到高依序为虾仁、虾蛄、铁甲虾、小龙虾、虾蛄头、剑虾、明虾、大头虾、粗皮龙虾、红虾、草虾。

虾子除了本身饱和脂肪含量远低于猪、鸡、牛、羊之外，它丰富的钙质，帮助人体不容易发生肥胖问题。而虾壳中含有丰富的甲壳质（几丁聚糖）被认为可以减少肠道中的脂肪吸收、降低体重，因此被萃取出来当作一种减肥食品。要提醒大家的是虾子背部的肠线容易引起过敏，最好挑除干净避免食用。此外，若是担心虾子中的胆固醇过高，把虾头去掉不吃即可。

黄芪当归虾仁汤

懒人指数：★★★★★

减肥指数：★★★★★

烹饪难度：★★☆☆☆

材　料：虾12只（约110克）、枸杞15克、当归15克、黄芪15克、水2碗

调味料：盐少许

做　法：1.虾去壳去肠线，洗净沥干水分备用。

2.汤锅中放入水1 000毫升，小火煮10分钟后，再放入虾仁煮15分钟即可。

热量(kcal)	糖类(g)	蛋白质(g)	脂肪(g)	膳食纤维(g)
83	11	9	0.3	2

※营养师的叮咛：

虾容易变质，如果有异味、虾头摇晃、虾尾变黑都不新鲜。买回后要分小包装冷冻，避免重复解冻。

胡椒虾

懒人指数：★★★★★

减肥指数：★★★★★

烹饪难度：★★★★☆

材　料：虾12只（约110克）

调味料：黑胡椒$1\frac{1}{2}$大匙、盐1大匙

做　法：1.草虾洗净沥干水分备用。

2.黑胡椒与盐混合均匀，将虾全部均匀蘸取调味料。

3.烤盘上铺上铝箔纸，再将虾并排其上，放入小烤箱大火烤3分钟后，用筷子将虾子翻面，再烤2分钟即可。

热量(kcal)	糖类(g)	蛋白质(g)	脂肪(g)	膳食纤维(g)
58	1	13	0.4	0

胡椒虾

无负担的Q滑食感

海参 Sea cucumber

海参有几乎与蔬菜相同的超低热量，完全不含有胆固醇，对于想减肥又怕高胆固醇的人是最好的食物。每100克的海参仅含有热量28千卡、蛋白质6.9克、脂肪0.1克。因为热量低，多吃也不会胖，它丰富的蛋白质，可以协助瘦肉组织合成，维持基础代谢率。对于容易嘴馋的人，海参嚼劲够，比较有满足感。

海参含有丰富的碘，可以强化甲状腺功能，增强热量代谢，有助于减肥。此外还有丰富的胶质成分，可改善粗糙肤质，使肌肤光滑充满弹性，还能够有益于退化关节炎的改善。

当归黄芪海参汤

懒人指数：★★★★★

减肥指数：★★★★★

烹饪难度：★★☆☆☆

材　料：白海参100克、姜片25克、黄芪10克、当归5克

调味料：米酒1小匙、盐少许

做　法：1.黄芪、当归洗净，姜切片，海参以温水浸泡，去肠泥洗净切成小段备用。

2.将姜片、海参、黄芪、当归、水600毫升放入锅中一起炖煮，大火煮滚后续转小火煮20分钟，最后以盐、酒调味即成。

热量(kcal)	糖类(g)	蛋白质(g)	脂肪(g)	膳食纤维(g)
41	1	7	0	0

五香卤海参

懒人指数：★★★★☆

减肥指数：★★★★☆

烹饪难度：★★☆☆☆

材　料：白海参200克、圆白菜100克

调味料：麻油1小匙、五香卤包1包、酱油100毫升、葱、姜、蒜、辣椒少许

做　法：1.海参以温水泡开，去肠泥洗净，切成小段；蒜头拍碎；姜切片；葱切段；红辣椒切段。

2.锅中加入麻油爆香大蒜、姜片后，加入开水600毫升续入葱、辣椒、酱油和五香卤包，煮滚后放入海参改以小火卤20分钟。

3.圆白菜洗净切丝，铺在盘中淋上海参及卤汁一起食用即成。

热量(kcal)	糖类(g)	蛋白质(g)	脂肪(g)	膳食纤维(g)
98	5	10	5	3

五香卤海参

大满足的带劲嚼感

海蜇皮
Jelly Fish

海蜇皮是水母晒干后制成，虽然属于动物性食品，但是具有零脂肪和超低热量的特性，可以说跟海藻一样，多吃也不容易发胖。海蜇皮含有丰富的碘，可以强化甲状腺功能，促进能量消耗，消除身上多余脂肪。湿的海蜇皮100克仅含有热量26千卡、糖类2.2克、蛋白质4.4克、钠8 127毫克、钾153毫克、镁163毫克和1.43毫克的维生素B_{12}。

海蜇皮中富含有镁，能帮助热量的消耗与代谢，维持脂肪分解酶的活性，降低三酸甘油酯，想要维持苗条身材，一定要多吃。此外它因为嚼劲够，让容易饥饿的人充满饱足感。海蜇皮还有丰富的胶质，能帮助害怕因为节食而让皮肤干皱没有光泽的人即时补充胶原蛋白，让肌肤在减肥期间依然水嫩有弹性。

凉拌海蜇皮

懒人指数：★★★★☆　减肥指数：★★★★★　烹饪难度：★★☆☆☆

材　料：干海蜇皮10克、小黄瓜50克、红辣椒30克、蒜头3颗

调味料：香油1/2小匙、白胡椒1/2小匙、盐1/4小匙

做　法：1.海蜇皮撕去筋皮，洗净泡水切丝后汆烫备用。

2.小黄瓜、红辣椒切丝，蒜头去皮拍碎备用。

3.将海蜇皮、小黄瓜、红辣椒加入所有调味料拌匀即可。

热量(kcal)	糖类(g)	蛋白质(g)	脂肪(g)	膳食纤维(g)
40	5	6	0	1

※营养师的叮咛：

干海蜇皮因为盐分含量太高，一定要在温水中浸泡20分钟，并且反复冲洗去盐，直到吃不出咸味，才不会导致水肿、血压升高。

小小鱼儿大集合

吻仔鱼
Baby Fish

吻仔鱼又称为“银鱼”，属于低热量高蛋白的食物，每100克仅含有热量43千卡、蛋白质8.8克，油脂含量低，只有0.6克。想要补充高蛋白，又不想肥胖的人，就可以选择吻仔鱼当作减肥食物。吻仔鱼含有丰富的钙质，可以抑制脂肪合成和刺激脂肪分解，促进粪便中脂肪的排泄，提高身体体温，增加基础代谢率。因为它的镁含量也很丰富，所以新陈代谢率低的人可以多吃吻仔鱼，促进热量的消耗与代谢，维持脂肪分解酶的作用。而吻仔鱼中的维生素A，更可以帮助减少体重增加和脂肪的囤积。

海带芽银鱼汤

懒人指数：★★★★☆　　减肥指数：★★★★★　　烹饪难度：★★☆☆☆

材　料：吻仔鱼80克、干海带芽5克、姜丝25克

调味料：盐少许

做　法：1.吻仔鱼洗净，海带芽以热水泡开备用。

2.汤锅煮滚水500毫升，放入姜丝、吻仔鱼、海带芽，再度煮滚后以盐调味即成。

热量(kcal)	糖类(g)	蛋白质(g)	脂肪(g)	膳食纤维(g)
62	6	8	1	3

深海鱼类营养冠军

鲔鱼
Tuna

鲔鱼营养价值优于牛肉、鸡肉、猪肉，油脂含量却最低，肉质坚实具嚼感，是想要拥有苗条曲线和减肥者的最爱。此外更重要的是鲔鱼含有丰富的EPA及DNA，具有强化脑力，预防心肌梗塞的保健功效；另外鲔鱼中的牛磺酸也能保护肝脏机能。

鲔鱼因肉质佳，可以烹调料理，也适合作生鱼片，价格比其他种类的鱼昂贵。因为含有多元不饱和脂肪酸、必需氨基酸、维生素B群，能够有助于维持苗条身材，丰富的钾可以改善高血压，消除水肿；高量的镁能促进热量代谢，活化酶素，增加新陈代谢率，加速减轻体重。

焗烤番茄鲔鱼

懒人指数：★★★★☆
减肥指数：★★★★★
烹饪难度：★★☆☆☆
材　料：大番茄2个、水煮鲔鱼罐头45克、低脂起司片1/2片
做　法：1.大番茄洗净，在约九分满处将蒂头切下，用大汤匙轻轻将果肉挖空备用。
2.将挖出的番茄果肉与水煮鲔鱼搅拌均匀。
3.将番茄表面撒上低脂起司丝，包上铝箔纸，以200℃烤15～20分钟即可。

热量(kcal)	糖类(g)	蛋白质(g)	脂肪(g)	膳食纤维(g)
120	12	14	2	2

洋葱鲔鱼沙拉

懒人指数：★★★★☆
减肥指数：★★★★★
烹饪难度：★★★☆☆
材　料：洋葱30克、美生菜100克、水煮鲔鱼罐头45克（1/2罐）、玉米粒2大匙、红甜椒丁20克。
做　法：1.洋葱洗净切小丁；美生菜洗净剥片；鲔鱼与玉米粒搅拌均匀备用。
2.将生菜片垫于盘中，撒上洋葱丁后再放上鲔鱼和玉米粒，最后撒上胡椒盐，以甜椒丁装饰即成。

热量(kcal)	糖类(g)	蛋白质(g)	脂肪(g)	膳食纤维(g)
100	13	12	1	3

※营养师的叮咛：
买鲔鱼罐头时一定要认明有水煮鲔鱼字样，否则买到油渍鲔鱼反而会吃进比平常更多的热量喔！

洋葱鲔鱼
沙拉

墨斗鱼

Squid

墨斗鱼又叫做乌贼。每100克的墨斗鱼含有51千卡热量、糖类1.1克、蛋白质10.9克、脂肪0.3克。

墨斗鱼的必需氨基酸含量高，味道鲜美可口，尤其富含有支链氨基酸（简称BCAA），由白氨酸、异白氨酸、缬氨酸三种氨基酸组成。目前研究指出在低热量饮食下，支链氨基酸可以显著增加瘦肉组织的保留，刺激肌肉蛋白质的合成，提高基础代谢率，进一步减少脂肪囤积。

五味墨斗鱼

懒人指数：★★★★★

减肥指数：★★★★★

烹饪难度：★★☆☆☆

材　料：墨斗鱼130克，蒜头1颗

五味酱：糖1/4小匙、白醋1/4小匙、乌醋1/4小匙、番茄酱2小匙、低盐酱油2小匙、辣椒粉10克、蒜头15克、姜末10克

做　法：1.大蒜去皮切末加入其他调味料搅拌均匀即成酱汁。

2.墨斗鱼斜切刻花，滚水汆烫后捞起，淋上五味酱即可食用。

热量(kcal)	糖类(g)	蛋白质(g)	脂肪(g)	膳食纤维(g)
82	5	12	0	0

泰式凉拌墨斗鱼

懒人指数：★★★★★

减肥指数：★★★★★

烹饪难度：★☆☆☆☆

材　料：墨斗鱼65克、圣女番茄50克、洋葱25克、青葱15克、香菜15克、姜15克、大蒜15克、红辣椒15克

调味料：鱼露1小匙、柠檬汁50毫升

做　法：1.墨斗鱼斜切花，滚水汆烫后捞起放凉。

2.小番茄对切，洋葱切细丁，葱、姜、蒜、香菜、红辣椒切细丝备用。

3.将墨斗鱼加入所有调味料及材料拌匀即成。

热量(kcal)	糖类(g)	蛋白质(g)	脂肪(g)	膳食纤维(g)
90	11	11	1	4

泰式凉拌墨斗鱼

豆腐

Tofu

豆腐的种类繁多，属于高蛋白质食物之一，含有油脂和热量的差异很大，同样100克来看，热量由高到低依序为百页豆腐（214千卡）、三角油豆腐（138千卡）、臭豆腐（133千卡）、冻豆腐（127千卡）、传统豆腐（88千卡）、鸡蛋豆腐（79千卡）、嫩豆腐（51千卡）。其中油脂含量最高的是百页豆腐，每吃17克，等于喝下1大匙的油，含油量最低的是嫩豆腐（只有2.7克）。

惊人的是百页豆腐热量是嫩豆腐的4倍多，含油量是嫩豆腐的6倍多。所以有人为何吃豆腐还会变胖，应该是误以为所有的豆腐热量低不含油脂，事实上选错豆腐种类时，反而会容易变胖，囤积脂肪。想要减肥时最好只选择嫩豆腐食用，因为嫩豆腐低油低热量，还含有丰富的大豆异黄酮，可以增加骨质密度，还可以降低体脂肪和身体质量指数。此外，嫩豆腐含有植物固醇，可以降低血脂，清除胆固醇。

味噌豆腐汤

懒人指数：★★★★☆

减肥指数：★★★★☆

烹饪难度：★★☆☆☆

材　料：嫩豆腐100克、干黑木耳5克

调味料：味噌1/2大匙、柴鱼粉少许、葱花1大匙

做　法：1.黑木耳泡软切丝；豆腐切小块备用。

2.汤锅中加水600毫升，放入黑木耳、豆腐煮滚后转小火加入味噌、柴鱼粉拌匀煮滚即成。

热量(kcal)	糖类(g)	蛋白质(g)	脂肪(g)	膳食纤维(g)
63	5	5	3	1

柴鱼拌豆腐

懒人指数：★★★★☆

减肥指数：★★★★★

烹饪难度：★★☆☆☆

材　料：嫩豆腐100克、柴鱼片少许

调味料：酱油1大匙

做　法：1.嫩豆腐洗净放入微波炉，以中火加热2分钟。

2.取出撒上柴鱼片，再淋上酱油即成。

热量(kcal)	糖类(g)	蛋白质(g)	脂肪(g)	膳食纤维(g)
59	2	3	6	1

毛豆

Vegetable Soybean

毛豆具有高营养价值，有“植物肉”之美名。含有丰富的卵磷脂，可以降低血脂，预防脂肪肝。毛豆也含有丰富的大豆异黄酮，可消除脂质自由基，降低体脂肪和身体质量指数。

毛豆属碱性食物，与其他高蛋白质的动物性酸性肉类不同，可以中和因为食用动物肉品过多的偏酸性体质，预防脂肪代谢异常。毛豆的膳食纤维含量很高，这是一般肉类没有的优点，它的膳食纤维含量是白米的24～25倍，比大部分的蔬菜还高，所以可以取代淀粉类，提供饱足感，降低脂肪吸收，促进脂肪排泄，改善便秘，加速减肥的作用。毛豆含有高量的镁、维生素A、维生素B_1，都能减少体重增加和脂肪的囤积。

蒜拌毛豆

懒人指数：★★★★☆　　减肥指数：★★★★★　　烹饪难度：★★☆☆☆

材　料：毛豆仁50克、大蒜2颗、红辣椒1根

调味料：黑胡椒粒1小匙、盐少许

做　法：1.大蒜去皮切末，辣椒切碎备用。

2. 锅中煮沸600毫升水，放入毛豆煮3分钟后捞起放凉备用。

3.将毛豆放入保鲜盒中，加入所有调味料、大蒜末、辣椒末搅拌均匀，静置约1小时入味即成。

热量(kcal)	糖类(g)	蛋白质(g)	脂肪(g)	膳食纤维(g)
82	7	8	3	3

让皮肤白泡泡幼咪咪

奶制品
Dairy Product

临床流行病理学研究指出，每天至少3份的奶制品可以明显帮助肥胖者降低体脂肪，并能有效地加速减肥时体脂肪的消除。2005年营养期刊也指出：食用奶制品有助于维持较苗条的体型和较低的体脂肪比例。

奶制品含有丰富的钙质，远超过其他任何食物，尤其来自奶制品中钙质的吸收利用率也特高。研究发现摄取钙质高的人比较不容易发生过重、肥胖和胰岛素的阻抗性等问题。这是因为钙质会影响脂肪细胞的代谢，高钙质饮食能帮助我们身体抑制副甲状腺素和活性维生素D，因而可以抑制脂肪合成，促进脂肪分解作用，还可以加速粪便中脂肪的排泄，提高身体体温，增加基础代谢率。以效果而论，来自奶制品中的钙质比补充钙片更能有效减轻体重。所以建议想要轻松减肥的你，最好每天能够摄取三杯乳制品，让钙质摄取量达到1 000毫克，这将会有助于减肥成效。

此外添加乳酸菌制成的无糖自制酸奶，可以改善肥胖者常出现的高尿酸问题。根据美国田纳西大学所做的研究指出，每天食用无糖自制酸奶的人，12周后可以减下4.43千克的体脂肪，以及约4厘米的臀围。

自制无糖酸奶

懒人指数：★★★★☆　　减肥指数：★★★★★　　烹饪难度：★★★☆☆

材　料：脱脂奶粉25克、温开水（40～45℃）500毫升、乳酸菌粉1/4匙、保温瓶1个

做　法：1.脱脂奶粉加入500毫升温水泡开，再加入1/4匙菌粉，搅拌均匀。

2.倒入保温瓶中后放置一晚至凝固并呈浓稠状即成。

热量(kcal)	糖类(g)	蛋白质(g)	脂肪(g)	膳食纤维(g)
80	12	8	0	0

※营养师的叮咛：

1. 保温瓶要先在沸水中加热消毒10分钟才可避免杂菌滋生。
2. 自制酸奶健康营养，混入水果做成水果酸奶或单吃都很可口。
3. 加入水果及冷开水打匀，就是健康无糖的水果酸奶。

瘦身不瘦胸的秘密武器

清豆浆
Bean Milk

豆浆由黄豆所制成，因此含有丰富的大豆异黄酮，可以增加骨质密度，降低体脂肪和身体质量指数（BMI）。还有卵磷脂及含硫氨基酸能降低血脂，预防脂肪肝，丰富的植物固醇，则能降低胆固醇。

黄豆丰富的黄豆皂素，具有预防肥胖的作用。黄豆蛋白品质高，好吸收，可以增加褐色脂肪活性，促进脂肪燃烧和热量的消耗。而且过敏性低，适合过敏体质人食用；含有丰富的植物性激素，可改善更年期所造成的不适及腹部肥胖。

豆浆酸奶

懒人指数：★★★★☆

减肥指数：★★★★★

烹饪难度：★★☆☆☆

材　料：清豆浆250毫升、温开水250毫升、乳酸菌粉1/4匙、保温瓶1个

做　法：1.清豆浆加入250毫升温水，使温度在40～45℃。

2.加入1/4匙菌粉，搅拌均匀。

3.倒入保温瓶中，放置一晚，隔天即成为一杯营养的豆浆酸奶。

热量(kcal)	糖类(g)	蛋白质(g)	脂肪(g)	膳食纤维(g)
75	0	7	5	0

自制凉豆腐

懒人指数：★★★★☆

减肥指数：★★★★★

烹饪难度：★★☆☆☆

材　料：清豆浆250毫升、洋菜5克

做　法：1.锅中煮沸水200毫升，加入洋菜轻轻搅拌直到煮沸。

2.熄火后加入清豆浆拌均匀，倒入容器中放凉凝固即成。

热量(kcal)	糖类(g)	蛋白质(g)	脂肪(g)	膳食纤维(g)
90	4	7	5	4

※营养师的叮咛：

早餐店买回的清豆浆，如果温度较高，要放凉后再制作。微波前千万不要先加入乳酸菌，以免菌种失去活性。

高纤蔬菜香

Vegetable

蔬菜类的热量密度最低，平均每100克只有25千卡，
因此高纤维食物的瘦身食谱，特别适合想要快速减肥者使用。
尤其适合早、午两餐必须外食，
只有晚餐才能够执行减肥计划的人，
也适合在大鱼大肉过后突然增胖，
想要短时间瘦回苗条身材者。

其中最方便有效的，便是高纤维夜间饮食法：

高纤维夜间饮食法

每天晚上只吃以高纤维食材料理的食物，就能利用晚上的黄金减肥时间达到最佳的减肥效果。因为人体在晚上的新陈代谢最慢，特别容易囤积脂肪，只要改变晚餐，不但能借助高纤维瘦身食物减肥，通常7～10天可以减少2～3千克体重。且对于减肥食谱较无法长期忍受者，也比较适合晚餐采用高纤维食物的瘦身食谱，因为只有晚餐做改变，食物的剥夺感比较不会那么严重，因此也让人比较能接受适应。

蔬菜选购方法

叶菜类需选择叶片完整，深绿有光泽的较好，根茎类则以肥厚细嫩、新鲜不枯萎者为佳。瓜类则选择表皮光滑，蒂头未枯萎的较佳。

蔬菜如何清洗最为安全而干净？

蔬菜食用前应先行清洗，才能去除污垢和避免农药残留。最好用清水清洗蔬菜即可，使用盐水清洗未必干净；若是以清洁剂洗反而会残留清洁剂。各类蔬菜清洗要点如下：

●**叶菜类：**小叶菜类应先接近根处切根，把叶片张开后冲洗；包叶菜类应于去除外叶后，再拆成单片冲洗。

●**根茎类：**应先清洗后再行去皮，凹陷不平处宜削厚一点，以除去表皮的农药及污垢。

●**瓜果类：**连皮食用者，可用软毛刷刷洗；易沉积农药的部位，如凹陷的果蒂处，宜先切除再行冲洗。削皮食用者，则先清洗后再削皮。

蔬菜保存方法

1. 叶菜类蔬菜保存前先除去除污垢和老叶，但不必清洗，以透孔塑胶袋或白报纸包好。
2. 球形或长形蔬菜则可用保鲜膜包好，再行放入冰箱冷藏或阴凉处储存。
3. 果类蔬菜（如胡瓜、南瓜、茄子、甜椒等）的最佳储藏温度高于冰箱温度，最好多包两层报纸再放入冰箱下层冷藏，以免冻伤，而且不能冷藏太久。
4. 根茎类（如姜）只要包好后放于通风阴凉处即可，不必存放于冰箱中。

Tips
想吃宵夜、零食时，尽量以低卡的烫青菜来代替。

过重的儿童或是青少年其实也适用于晚餐采用蔬菜类减肥法，保留重要的早、午餐，维持身长发育，单调整容易囤积脂肪的晚餐，并不会影响新陈代谢，因此也能适用于幼童或青少年减肥。不过幼童若是睡前饥饿，可以再提供一杯250毫升脱脂牛奶，并搭配大番茄、芭乐、苹果食用。

圆滚滚的减肥瓜

冬瓜 Winter Gourd

冬瓜热量低，每100克只有13千卡，含水量96.4%，有“减肥瓜”的别称。古代便常用冬瓜当作减肥药膳。现代医学认为，冬瓜的减肥作用主要是其中含有丰富的丙醇二酸成分，这种物质可抑制糖类物质转化为脂肪。

肥胖者有时容易水肿，冬瓜可以利尿消水肿。常吃能排除体内水分，降低血脂。因为冬瓜热量低、水分多，瓜肉又细嫩柔软，容易消化，有饱足感，最适合想减轻体重、又不想饿肚子的人食用。

冬瓜蛤蜊汤

懒人指数：★★★★☆

减肥指数：★★★★★

烹饪难度：★★☆☆☆

材　料：冬瓜200克、姜片25克、蛤蜊10颗

调味料：盐少许

做　法：1.冬瓜洗净，去皮切块备用。

2.汤锅加水600毫升，煮滚，放入冬瓜块、姜片、蛤蜊煮熟，加盐调味即成。

热量(kcal)	糖类(g)	蛋白质(g)	脂肪(g)	膳食纤维(g)
32	6.7	1.8	0.4	2.8

酱烧蜜冬瓜

懒人指数：★★★★☆

减肥指数：★★★★★

烹饪难度：★★☆☆☆

材　料：冬瓜300克、酱油1大匙、姜片2片、海苔少许

调味料：盐少许、蜂蜜1大匙

做　法：1.冬瓜洗净削皮，去籽切块备用。

2.锅中烧滚水600毫升，放入姜片、酱油、冬瓜一起焖煮，最后撒上海苔片即成。

热量(kcal)	糖类(g)	蛋白质(g)	脂肪(g)	膳食纤维(g)
86	20	2	1	3

酱烧
蜜冬瓜

怎么料理都好吃

空心菜
Water Convolvulus

空心菜俗称“蕹菜”，是一种碱性食物。空心菜每100克只有24千卡，热量比白米低329千卡，水分93%，纤维质含量是白米的10倍，具有低热量高纤维的特性，能增加饱足感，减少肠胃对于油脂的吸收，降低血脂和促进减肥。

空心菜含有丰富的维生素A，每100克有378.3单位，可以减少体重增加和脂肪囤积。钾盐含量超高，每100克有440毫克的钾，所以降低血压效果很好，而且钙质含量丰富，是白米的12倍，能加快脂肪细胞的代谢，促进脂肪分解，达到减肥效果。

虾酱空心菜

懒人指数：★★★★☆

减肥指数：★★★★★

烹饪难度：★★☆☆☆

材　料：空心菜200克、蒜末25克

调味料：虾酱1大匙、盐少许

做　法：1.锅中加水煮滚后加入空心菜，烫熟捞起沥干备用。

2.虾酱、蒜末搅拌均匀成酱汁。

3.将酱汁淋于空心菜上即成。

热量(kcal)	糖类(g)	蛋白质(g)	脂肪(g)	膳食纤维(g)
69	10	6	1	5

腐乳空心菜

懒人指数：★★★★☆

减肥指数：★★★★★

烹饪难度：★★☆☆☆

材　料：空心菜200克、红辣椒末少许

调味料：盐1小匙、麻油辣腐乳1大匙

做　法：1.红辣椒切丝、空心菜洗净后切段备用。

2.汤锅煮滚水，放入空心菜氽烫后捞起，淋上麻油辣腐乳酱，撒上辣椒即成。

热量(kcal)	糖类(g)	蛋白质(g)	脂肪(g)	膳食纤维(g)
62	10	4	1	4

腐乳
空心菜

吃苦就是吃补

苦瓜
Bitter gourd

苦瓜长相奇特，表面有粒状突起，含有丰富的苦瓜碱、多种维生素与矿物质。每100克的苦瓜只有18千卡的热量。苦瓜分为白苦瓜和野生的绿苦瓜，绿苦瓜的热量较高，约为白苦瓜的2倍，就营养价值而言，绿苦瓜优于白苦瓜，如维生素A是白苦瓜的51倍，长期补充高量但不具有毒性的维生素A，可以减少体重增加和脂肪的囤积。

生吃绿苦瓜还可以补充足够的维生素C，预防牙龈出血，嫩白肌肤，每100克的绿苦瓜有87毫克的维生素C，相当于白苦瓜的5倍，也远高于柠檬和柳橙。苦瓜是低胰岛素食物，不但可以避免刺激胰岛素过度产生，降低脂肪的合成，动物实验也已经证实多吃苦瓜具有消脂效果，有助于减肥。

苦瓜小鱼汤

懒人指数：★★★★☆
减肥指数：★★★★★
烹饪难度：★★☆☆☆
材　料：苦瓜200克、小鱼干10克、柴鱼片2克
调味料：盐少许
做　法：1.苦瓜洗净去籽切片备用。
2.汤锅中煮滚水800毫升，加入苦瓜、小鱼干、柴鱼片，再次煮滚后加盐调味即成。

热量(kcal)	糖类(g)	蛋白质(g)	脂肪(g)	膳食纤维(g)
77	1	10	1	4

凤梨苦瓜汁

懒人指数：★★★★☆
减肥指数：★★★★★
烹饪难度：★☆☆☆☆
材　料：苦瓜100克、凤梨100克、开水250毫升
做　法：1.苦瓜洗净去籽切片；凤梨切片备用。
2.将开水、苦瓜、凤梨放入果汁机中打汁即成。

热量(kcal)	糖类(g)	蛋白质(g)	脂肪(g)	膳食纤维(g)
64	15	2	0	3

抗癌养生的新秀

金针菇
Golden Mushroom

金针菇是最常用的火锅料之一，价格便宜不甚起眼，最近却一夕爆红。这是因为在动物研究中发现，金针菇含有一种多糖体和免疫调节蛋白，可以有效杀死95%的癌细胞。新闻媒体曾报道一位90岁罹患肝癌的老妇人因为天天喝金针菇原汁，结果发现肝脏肿瘤在半年之内，缩小了一半。

研究指出金针菇的茎含有大量的免疫调节蛋白，能刺激身体产生更多好的细胞激素，来抑制不好的细胞激素所引发的疾病，因此金针菇可以预防哮喘、鼻炎、湿疹等过敏症，也可以提高免疫力，甚至对抗病毒感染及癌症。此外从金针菇中可提取保健食品金针菇多糖体，当作调节免疫功能的保健食品成分，金针菇多糖体可以促进身体所谓自然杀手细胞的增生，强化人体本身的免疫功能，因此能扑杀身体里面的癌细胞和病毒，具有抗癌、抗病毒的功效。

金针菇也是低热量高纤的食物，每100克只有41千卡，比白米低312千卡，膳食纤维是白米的14～15倍，有助于排除脂肪，降低体重。

金针菇鸡丝汤

懒人指数：★★★★☆　　减肥指数：★★★★★　　烹饪难度：★★☆☆☆

材　料：金针菇100克、鸡胸肉30克

调味料：鲜鸡精粉1小匙、盐少许

做　法：1.鸡胸肉洗净切丝；金针菇去根部后洗净。

2.汤锅中加入水600毫升，煮滚后，加入鸡肉丝、金针菇煮熟后加调味料即成。

热量(kcal)	糖类(g)	蛋白质(g)	脂肪(g)	膳食纤维(g)
89	10	10	2	3

※营养师的叮咛：

金针菇煮的时间不要超过5分钟，以免破坏有效成分。

玉米笋

Baby Corn

玉米笋是玉米的幼嫩果穗，营养丰富，热量却远低于玉米。玉米是淀粉类，而玉米笋却是低热量的蔬菜，每100克的玉米笋只有27千卡，比玉米还低84千卡，并含有8.3单位的维生素A，可以减少体重增加和脂肪的囤积。玉米笋含有丰富的维生素B_2、维生素B_6、维生素C、钾、钙、镁、铁。膳食纤维是白米的12倍，可以解决容易饥饿的问题，增加饱足感，还有助于降低肠道对脂肪的吸收，并消除宿便问题。

火腿玉米笋汤

懒人指数：★★★☆☆
减肥指数：★★★★★
烹饪难度：★★☆☆☆
材　料：玉米笋200克、三明治火腿 1 片
调味料：胡椒盐少许
做　法：1.玉米笋洗净切段；三明治火腿切小丁备用。
2.汤锅中加水600毫升，放入玉米笋、火腿丁待再次煮滚后，加胡椒盐调味即成。

热量(kcal)	糖类(g)	蛋白质(g)	脂肪(g)	膳食纤维(g)
78	13	7	1	5

蚝油玉米笋

懒人指数：★★★☆☆
减肥指数：★★★★★
烹饪难度：★★☆☆☆
材　料：玉米笋200克、小黄瓜丝少许
蚝油酱：蒜末2小匙、蚝油1大匙
做　法：1.玉米笋洗净，以滚水汆烫后，捞起沥干备用。
2.蒜末加入蚝油后，拌匀成酱汁。
3.将酱汁淋在玉米笋上，加上小黄瓜丝配色即成。

热量(kcal)	糖类(g)	蛋白质(g)	脂肪(g)	膳食纤维(g)
80	16	5	0	5

蚝油
玉米笋

茹类中的贵族

杏鲍菇

Oyster Mushroom

杏鲍菇肉质肥厚、味道鲜美，具有杏仁香味和类似鲍鱼的口感，是一种碱性食物。它具有浓厚的氨基酸香味，蛋白质丰富，肉质肥嫩，纤维质将近白米的20倍，热量又低，每100克只有25千卡，热量比白米低328千卡，不但能促进排便，还能减少肠胃吸收油脂，清除血脂，增强减肥效果。含有多种氨基酸、多糖体，可增强免疫力，降低胆固醇。

芝麻杏鲍菇

懒人指数：★★★★☆
减肥指数：★★★★★
烹饪难度：★★☆☆☆
材　料：杏鲍菇200克
调味料：低盐酱油1大匙、芝麻1小匙、胡椒粉少许
做　法：1.杏鲍菇洗净切片，与酱油、胡椒粉拌匀备用。
2.锡箔纸上撒芝麻粉，放入蚝菇包起，入烤箱以170℃烤5分钟即成。

热量(kcal)	糖类(g)	蛋白质(g)	脂肪(g)	膳食纤维(g)
65	9	5	2	6

杏鲍菇鸡丁汤

懒人指数：★★★★☆
减肥指数：★★★★★
烹饪难度：★★★★☆
材　料：杏鲍菇200克、鸡胸肉30克
调味料：胡椒盐少许
做　法：1.杏鲍菇洗净切片；鸡胸肉切小丁。
2.汤锅中加水600毫升，加入杏鲍菇、鸡丁待再次煮滚后，以胡椒盐调味即成。

热量(kcal)	糖类(g)	蛋白质(g)	脂肪(g)	膳食纤维(g)
85	9	11	1	6

甘薯叶

Sweet Potato Leaves

甘薯叶含有丰富的维生素A，每100克有1.269毫克的维生素A，可以减少体重增加和脂肪的囤积。甘薯叶热量低，每100克含有30千卡热量。多吃甘薯叶可以补充高量的纤维质，膳食纤维含量是白米的15～16倍，具有增加饱足感，降低血脂，促进排便，改善宿便的功效。

甘薯叶也含有丰富的钙质，每100克有85毫克的钙，可以预防骨质疏松。研究发现高钙质食物会抑制副甲状腺素，因而可以抑制脂肪合成和刺激脂肪分解，加速脂肪的排泄，提高体温，增加基础代谢率。

甘薯叶蛋花汤

懒人指数：★★★★☆

减肥指数：★★★★★

烹饪难度：★☆☆☆☆

材　料：甘薯叶100克、鸡蛋1个

调味料：盐少许

做　法：1.甘薯叶洗净切段，鸡蛋去壳打散备用。

2.汤锅加水600毫升后煮滚，放入甘薯叶煮至将滚时打入蛋花，煮滚后以盐调味即成。

热量(kcal)	糖类(g)	蛋白质(g)	脂肪(g)	膳食纤维(g)
111	4	10	6	3

大力水手的能量来源

菠菜 Spinach

菠菜是一种碱性食物，含有丰富的维生素A、铁、钙、钾、镁，可以改善便秘、贫血。每100克只有22千卡，热量比白米低331千卡，水分93%，纤维质含量是白米的12倍，增加饱足感，降低油脂吸收，促进减肥。菠菜的维生素A含量高，每100克含有638.3单位，可以减少体重增加和脂肪的囤积。钾盐也高达460毫克，是白米的6倍，有降低血压的功效。菠菜的钙质高出白米13倍，可以预防骨质疏松，降低脂肪合成，促进脂肪分解和排泄。镁盐含量是白米的3倍，可促进热量代谢和消耗，增强减肥效果。菠菜含有丰富的叶酸，每100克有118微克的叶酸，比芦笋还高，临床研究发现叶酸缺乏与产后肥胖有关，多吃菠菜也可预防产后肥胖。

唯一缺点菠菜含有大量的草酸，会与钙质形成草酸钙，无法吸收以及造成结石，解决方法是将菠菜先以沸水烫过，让草酸溶于沸水中，就可以去除菠菜中的草酸安心食用。但有结石者最好少吃。

枸杞蚝油菠菜

懒人指数：★★★★☆
减肥指数：★★★★★
烹饪难度：★★☆☆☆
材　料：菠菜100克、盐少许
枸杞酱：枸杞5克、温开水1大匙、蚝油2小匙
做　法：1.菠菜洗净切段备用。
2.锅中烧滚水1 000毫升，加入少许盐。以煮滚的盐水汆烫菠菜后捞起备用。
3.枸杞洗净加温开水泡软，加入蚝油拌匀即成酱汁。
4.菠菜淋上酱汁拌匀即成。

热量(kcal)	糖类(g)	蛋白质(g)	脂肪(g)	膳食纤维(g)
55	10	3	1	3

蒜茸菠菜

懒人指数：★★★★☆
减肥指数：★★★★★
烹饪难度：★★☆☆☆
材　料：菠菜200克、盐少许
蒜茸酱：蒜末25克、酱油膏1大匙
做　法：1.菠菜洗净切段备用；蒜末与酱油膏拌匀成蒜蓉酱备用。
2.锅中烧滚水1 000毫升，加入少许盐。以煮滚的盐水汆烫菠菜后捞起备用。
3.淋上蒜蓉酱即成。

热量(kcal)	糖类(g)	蛋白质(g)	脂肪(g)	膳食纤维(g)
66	10	6	1	6

蒜茸
菠菜

宵夜的最佳选择

大番茄
Tomato

番茄有超过10种以上的品种，颜色鲜艳，有黄、红、绿等不同颜色。但依照热量来区分，最低的是大番茄，每100克只有26千卡，比圣女番茄低7千卡。在减重相关研究中发现，每天食用300克的番茄，并将热量摄取控制在1 500千卡内，2周后就能够明显减下体重、体脂肪、上臂围、腰围和臀围。

它的膳食纤维高，是白米的6倍，增加饱足感，降低热量摄取，减少脂肪吸收，促进排便，清除血脂。番茄含有丰富的类胡萝卜素、维生素A有84.2单位，可以减少体重增加和脂肪的囤积。此外含有大量的茄红素，抗氧化功效是维生素C的4倍，连续喝4周的番茄汁，就能降低脂质过氧化指数，预防心血管病变和老化问题。

姜汁番茄

懒人指数：★★★★☆
减肥指数：★★★★★
烹饪难度：★☆☆☆☆
材　料：大番茄300克
姜汁酱：嫩姜10克，酱油膏1大匙
做　法：1.嫩姜切成细末与酱油膏搅拌均匀，即成姜汁酱。
2.番茄洗净切块，蘸取姜汁酱即可食用。

热量(kcal)	糖类(g)	蛋白质(g)	脂肪(g)	膳食纤维(g)
96	20	4	1	4

番茄蘑菇汤

懒人指数：★★★★☆
减肥指数：★★★★★
烹饪难度：★★☆☆☆
材　料：番茄200克、洋菇100克
调味料：胡椒盐少许
做　法：1.番茄洗净切块、洋菇洗净切片。
2.将番茄、洋菇放入汤锅加水600毫升，以大火煮滚后，撒上胡椒盐调味即成。

热量(kcal)	糖类(g)	蛋白质(g)	脂肪(g)	膳食纤维(g)
79	15	6	1	4

补血理气古早菜

苋菜

Amaranth

苋菜俗称“荇菜”，依照颜色可以分为白苋菜和红苋菜。以营养素含量相比，红苋菜比白苋菜含有更多的维生素A、维生素B_2、维生素C、钙、镁、铁。但两者都属于低热量食物，每100克白苋菜只有18千卡，比红苋菜低4千卡。纤维质含量为白米的11～13倍，容易饱足。

苋菜丰富的钙质甚至比鲜奶还高，常吃可以预防骨质疏松症。高钙饮食会抑制副甲状腺素，进而降低脂肪合成，促进脂肪分解和排泄。此外想要改善贫血的人则要多吃红苋菜，补充铁质。苋菜丰富的镁盐还具有促进排便，增加新陈代谢的功效。红苋菜的维生素A高，可以减少体重增加和脂肪囤积。白苋菜含有丰富的叶酸，每100克有72微克的叶酸，有助改善产后肥胖，白苋菜的叶酸含量比芦笋还高，且价格也便宜许多，是很棒的替代品。

苋菜吻仔鱼（银鱼）汤

懒人指数：★★★★☆

减肥指数：★★★★★

烹饪难度：★★☆☆☆

材　料：苋菜200克、吻仔鱼40克、葱花1大匙

调味料：盐少许

做　法：1.苋菜洗净切段备用。

2.汤锅中煮滚水600毫升，加入苋菜、吻仔鱼，待再次煮滚后，以盐调味，撒上葱花即成。

热量(kcal)	糖类(g)	蛋白质(g)	脂肪(g)	膳食纤维(g)
53	4	8	2	4

补气活血的老药方

木耳 Wood Ear Mushroom

木耳是胶质菇的一种，胶质含量很高，在常温保存下，容易发生变质的问题，所以常常做成干燥制品储存。每100克的生木耳大约可以干燥成10克的干木耳，若是买到干货，只要稍微浸泡一下开水就会吸水膨胀，恢复原状。因为木耳的胶质含量丰富，有“植物燕窝”的美誉，过去富贵人家都习惯炖燕窝来养颜美容，事实上，木耳不管口感或外形、营养成分均不输燕窝。所以想要补充胶原蛋白的女性，其实不用喝胶原蛋白饮料或服用昂贵的锭剂，只要食用白木耳就能轻松补充更高量的胶原蛋白，让肌肤保持水水嫩嫩。

木耳依照颜色可分为“白木耳”和“黑木耳”，其实这两种木耳所含的营养成分都很相近。木耳含有最高的膳食纤维，每100克含有6.5克的纤维，是白米的32～33倍，也高于其他菇类2倍以上。可以促进脂肪排泄，降低吸收，减轻体重，在医学上已经证实，木耳可以有效治疗长期性的便秘，没有任何的副作用。减肥中常常出现的宿便问题、小腹肥胖，都可以借助多吃木耳获得解决。木耳具有很高的抗氧化功效，清除脂质自由基，其中白木耳的抗氧化是黑木耳的2倍。

鲜奶白木耳汁

懒人指数：★★★★☆
减肥指数：★★★★★
烹饪难度：★☆☆☆☆
材　料：白木耳（湿）重100克、低脂鲜奶120毫升
做　法：1.白木耳称重后洗净浸泡3分钟泡开捞起沥干后，加水煮滚或微波2分钟。
2.待白木耳放凉后加上低脂鲜奶，放入果汁机打汁饮用或是直接食用都可。

热量(kcal)	糖类(g)	蛋白质(g)	脂肪(g)	膳食纤维(g)
83	13	4	2	7

黑木耳榨菜丝

懒人指数：★★★★☆
减肥指数：★★★★★
烹饪难度：★★★☆☆
材　料：黑木耳（湿）重50克、榨菜丝50克、小黄瓜50克、姜丝少许、麻油1/2小匙
做　法：1.黑木耳、榨菜、小黄瓜、姜洗净切丝。
2.炒锅中加入麻油爆香姜丝，加入黑木耳、榨菜丝、小黄瓜、开水100毫升一起焖熟即成。

热量(kcal)	糖类(g)	蛋白质(g)	脂肪(g)	膳食纤维(g)
62	8	2	3	5

黑木耳
榨菜丝

川七

Madeira Vine

100克的川七只有12千卡的热量，比白米低343千卡，含有超丰富的纤维质、维生素A、维生素C、维生素B_2、维生素B_6、钙、铁、钾、镁，其中纤维质含量是白米的9倍，维生素B_2含量是白米的4倍，维生素B_6含量是白米的3倍，钾含量是白米的7倍，钙含量是白米的19倍，镁含量是白米的4倍，铁含量是白米的16倍。

有些人的体质容易便秘，小腹鼓胀，川七中的镁可以恢复正常肠胃蠕动，帮助宿便的排除，解决小腹胀气、便秘的问题，还帮助热量的消耗与代谢，促进脂肪分解酶的活性，有助于减肥。每100克川七含有3 341单位的维生素A，动物实验证实长期补充高量但不具有毒性的维生素A，可以减少体重增加和脂肪囤积。

此外川七含有丰富的铁质，可以补充女性因生理期流失的铁质，帮助改善贫血，恢复红润气色。每100克川七含有29毫克的维生素C，能嫩白皮肤，改善体脂肪的阻抗性，让减肥更容易成功。

当归川七汤

懒人指数：★★★★☆

减肥指数：★★★★☆

烹饪难度：★★★☆☆

材　料：川七200克、当归1片、枸杞10克、姜片10克

调味料：盐少许

做　法：1.川七洗净切段；当归、枸杞略微冲洗备用。

2.汤锅放入水600毫升，加入当归、枸杞、姜片煮滚，接着放入川七，再度煮滚后加盐调味即成。

热量(kcal)	糖类(g)	蛋白质(g)	脂肪(g)	膳食纤维(g)
61	10	4	1	5

维生素P帮你护心抗老

茄子

Egg Plant

茄子是一种碱性食物。热量低，每100克只有25千卡，热量比白米低328千卡，水分93%，膳食纤维高出白米11~12倍，适合凉拌食用，茄子热量低高纤维，减少肠胃吸收油脂，帮助清除血脂，促进减肥成效。茄子具有促进肠胃蠕动，改善宿便的功效。含有丰富的生物类黄酮，也就是维生素P，可以增强微血管的抵抗力，降低血脂，消除脂质自由基，对于抗衰老、保护心血管有莫大的功效。

蒜蓉酱茄子

懒人指数：★★★★★
减肥指数：★★★★★
烹饪难度：★★☆☆☆
材　料：茄子200克
蒜蓉酱：蒜末2小匙、酱油膏1大匙
做　法：1.茄子洗净后切段备用。
2.将蒜末与酱油膏混合均匀成酱汁备用。
3.用保鲜膜包紧茄子放入微波炉微波3分钟，取出淋上酱汁即成。

热量(kcal)	糖类(g)	蛋白质(g)	脂肪(g)	膳食纤维(g)
68	13	4	1	5

※营养师的叮咛：
茄子容易诱发过敏，过敏体质不能多吃。

腐乳茄子

懒人指数：★★★★☆
减肥指数：★★★★★
烹饪难度：★★☆☆☆
材　料：茄子200克
腐乳酱：麻油辣腐乳2小匙、低盐酱油1大匙
做　法：1.茄子洗净切段，以滚水汆烫后捞起备用。
2.将辣腐乳与酱油拌匀备用。
3.将腐乳酱汁淋于茄子上即成。

热量(kcal)	糖类(g)	蛋白质(g)	脂肪(g)	膳食纤维(g)
60	10	4	1	5

胃溃疡的救星

青花菜

Broccoli

青花菜属于十字花科的食物，对人体具有许多生理功效。它富含维生素K，可预防骨质疏松症，还有多种植物抗生素，可以杀死肠道内不好的细菌，具有改善消化性溃疡，预防胃癌发生，研究指出常吃青花菜，可以降低17%罹患大肠癌的危险性。

青花菜是美容保养圣品，含有丰富的"辅酶Q10"，增强人体抗氧化能力，消除过多自由基，是目前最热门的美容、抗衰老的特殊成分，可以发现许多保养品或面膜，都含有辅酶Q10，只要多吃青花菜，就能让你在减肥中，保持肌肤透亮且富弹性。

青花菜含有超丰富的维生素C，每100克有69毫克，是柠檬的2.5倍，葡萄的17倍，能消除体脂肪的阻抗，加快减肥速度。青花菜也含有丰富的维生素A，每100克有103.3毫克的维生素A，可以减少体重增加和脂肪的囤积。

黑胡椒青花菜

懒人指数：★★★★☆

减肥指数：★★★★★

烹饪难度：★★☆☆☆

材　料：青花菜300克、盐1大匙、黑胡椒粒少许

做　法：1.青花菜洗净削皮，氽烫后捞起备用。

2.撒上黑胡椒拌匀即成。

热量(kcal)	糖类(g)	蛋白质(g)	脂肪(g)	膳食纤维(g)
93	14	13	1	8

※营养师的叮咛：

青花菜中常会躲藏菜虫，只要将青花菜浸泡在盐水片刻，就能轻松驱虫。

起司酱青花菜

懒人指数：★★★★☆

减肥指数：★★★★★

烹饪难度：★★★☆☆

材　料：青花菜200克

调味料：低脂鲜奶2大匙、低脂起司片1/2片

做　法：1.低脂起司剥成碎片后连同低脂鲜奶放入瓷碗中微波20秒，搅拌均匀。

2.青花菜洗净削皮，氽烫后捞起淋上酱汁即成。

热量(kcal)	糖类(g)	蛋白质(g)	脂肪(g)	膳食纤维(g)
90	11	11	2	5

起司酱青花菜

矿物质含量最丰富的蔬菜

小白菜
Variety of Chinese Cabbage

小白菜颜色嫩白翠绿，容易生长，生长期只有25天左右。虽然并非是深绿色但是却含有丰富的维生素C，每100克有40毫克维生素C，高于其他白色的蔬菜，有消除脂肪阻抗性，促进减肥作用，可以防止牙龈出血，嫩白肌肤。而且热量低，每100克的小白菜只有13千卡的热量，比白米热量少340千卡，是减肥者的最佳食物。

钙含量约是白米的18倍，可以强化骨骼，预防骨质疏松症，是全素者很好的钙质来源之一，常食用高钙食物有助于促进脂肪分解。纤维质含量是白米的9倍，具有改善便秘、消除肥胖的功效。铁质是白米的7倍，常吃还能预防贫血发生。

小白菜苹果汁

懒人指数：★★★★☆　　减肥指数：★★★★★　　烹饪难度：★☆☆☆☆

材　料：小白菜100克、苹果100克、开水250毫升

调味料：盐少许

做　法：1.小白菜洗净切段，苹果洗净去皮切小块备用。

2.将小白菜与苹果、开水一起放入果汁机中，打匀即成。

热量(kcal)	糖类(g)	蛋白质(g)	脂肪(g)	膳食纤维(g)
74	18	1	3	4

※营养师的叮咛：

小白菜含有丰富的维生素C，容易因为加热烹煮而被破坏，打汁生饮才能保留更多的维生素C。

绝对吃不胖，放心吃到饱

西洋芹
Celery

西洋芹又称美国芹菜，常常被拿来当作减肥食材，每100克只有13千卡的热量，热量比白米低340千卡，也比台湾芹菜还要低。西洋芹因为纤维粗糙，需要咀嚼很久才能吞咽，让容易肚子饿的人产生饱足感。而且料理方便，只要清洗干净，就可以直接生吃，是很好的减肥零食，在你想要乱吃的时候，不妨拿起西洋芹咬一咬，就能够度过想大吃大喝的危险期。

西洋芹的纤维质、钾、钙含量较丰富，可以有助于帮助清肠、清除血脂、降低血压、改善贫血等功效。

麻辣西芹

懒人指数：★★★★☆
减肥指数：★★★★★
烹饪难度：★☆☆☆☆
材　料：西洋芹200克
调味料：芥末粉1小匙、米酒1小匙、苹果醋1大匙、盐1/2小匙、冷开水1大匙
做　法：1.西洋芹洗净切段，放入滚水中汆烫，捞起沥干。
2.所有调味料调匀成酱汁，淋上西洋芹即成。

热量(kcal)	糖类(g)	蛋白质(g)	脂肪(g)	膳食纤维(g)
68	13	1	1	3

花青素让人永远年轻

紫甘蓝
Red Cabbage

紫甘蓝是一种碱性食物，含有丰富的维生素、矿物质，可以改善便秘、贫血。每100克只有28千卡，热量比白米低325千卡，水分92%，纤维质含量是白米的11倍，低热量高纤维，让你容易有饱足感，不会多吃。在饭后来一杯紫甘蓝生菜汁，可以降低当餐的升糖指数，降低脂肪合成速度。

紫甘蓝含有丰富的花青素，具超强的抗氧化功能，可以抗发炎，预防心血管疾病。研究发现多吃花青素可以减少脂肪合成，因此具有减肥效果。紫甘蓝中丰富的钾盐也有降低血压的功效。

紫甘蓝草莓酸奶沙拉

懒人指数：★★★★☆　　减肥指数：★★★★★　　烹饪难度：★☆☆☆☆

材　料：紫甘蓝100克、草莓100克、自制酸奶100毫升

做　法：1.紫甘蓝剥片洗净切成细丝，草莓洗净切半备用。

2.将紫甘蓝与草莓盛盘，淋上自制酸奶即成。

热量(kcal)	糖类(g)	蛋白质(g)	脂肪(g)	膳食纤维(g)
83	17	4	1	4

※自制无糖酸奶做法请参照P.52。

紫甘蓝草莓酸奶沙拉

田园里的白色云朵

花椰菜

Cauliflower

花椰菜又叫做“白花菜”，俗称“花菜”，是一种碱性食物，一般都是食用花的部分，但其实粗肥的茎部在削去老皮后，煮汤或凉拌也是一道高纤低热量小菜。花椰菜含有丰富的维生素C，每100克有73毫克，比柳橙还多，能降低体脂肪阻抗，加快减肥速度。每100克的花椰菜只有23千卡，热量比白米低330千卡，纤维质含量是白米的11倍。坊间的瘦身汤、蔬菜汤配方里总少不了它的存在，除了能够有饱足感，又能减少油脂吸收。

花菜番茄汤

懒人指数：★★★★★

减肥指数：★★★★★

烹饪难度：★★☆☆☆

材　料：白花椰菜200克、大番茄100克

调味料：胡椒盐少许

做　法：1.番茄、白花椰菜洗净切小块备用。

2.汤锅中加入水600毫升、番茄、白花椰菜煮滚，最后以胡椒盐调味即成。

热量(kcal)	糖类(g)	蛋白质(g)	脂肪(g)	膳食纤维(g)
72	14	5	0	6

麻油花椰菜

懒人指数：★★★★☆

减肥指数：★★★★★

烹饪难度：★★★☆☆

材　料：白花椰菜200克、姜片5片

调味料：麻油1小匙、盐少许

做　法：1.白花椰菜洗净削去老皮；姜洗净切片备用。

2.起锅后放入麻油爆香姜片后，加入开水100毫升，放入白花椰菜煮滚，最后加盐调味即成。

热量(kcal)	糖类(g)	蛋白质(g)	脂肪(g)	膳食纤维(g)
90	8	4	5	4

※营养师的叮咛：

麻油属于高热量油脂类，所以不要添加过量。

扫把扫马路，竹笋扫肠肚

竹笋

Bamboo Sprout

竹笋种类多，分为绿竹笋、麻竹笋、桂竹笋等。每100克只有22千卡，纤维质含量是白米的12倍，竹笋含有93%的水分，钾含量340毫克，是白米的4～5倍。竹笋几乎是由水分和纤维质组成，纤维质具有吸附油脂的特点，所以一般人做菜时喜欢将竹笋和猪肉一起烹调，因为这样一来竹笋便可以吸附油脂，增加香味。所以多吃竹笋可以降低肠道油脂吸收，帮助消耗体内过多的脂肪，达到瘦身的效果。

笋片鸡丁汤

懒人指数：★★★★☆　　减肥指数：★★★★★　　烹饪难度：★★★☆☆

材　料：竹笋100克、鸡胸肉30克

调味料：盐少许

做　法：1.竹笋去皮切片备用；鸡胸肉洗净切丁备用。

2.汤锅中加水煮滚后，放入笋片、鸡丁待再次煮滚后，加盐调味即成。

热量(kcal)	糖类(g)	蛋白质(g)	脂肪(g)	膳食纤维(g)
57	4	9	1	2

※营养师的叮咛：

竹笋容易老化有苦味，买回来的竹笋最好连壳一起先烫熟，再放入冰箱冷藏，或是在切断面抹上少许盐。冷藏可以保存约3天。

生菜沙拉代言人

莴苣

Lettuce

莴苣每100克只有11千卡的热量，比白米少了342千卡，膳食纤维是白米的4倍、维生素B_2是白米的2倍、钾约为白米的2倍、钙是白米的4倍、铁是白米的2倍，还有丰富的维生素C。莴苣品种繁多，叶子越绿营养价值就越高，例如长叶莴苣所含有的维生素C和叶红素，就比白色短叶的高5～10倍。

莴苣是制作生菜沙拉的主要选择之一，它清脆爽口，可促进肠胃蠕动，帮助消化与排便，欧美地区常把莴苣当作减肥餐的主菜，因为热量超低，多吃也不会发胖。

莴苣中丰富的β胡萝卜素和纤维，可以预防多种癌症，例如乳癌、结肠癌及心脏病。哈佛护理健康研究最近发现，莴苣富含维生素K、钙及维生素D，可以强化骨骼，每天吃1份以上莴苣的女性，比每星期才吃1次的人，骨折的几率少了45％。

莴苣沙拉

懒人指数：★★★★☆　　减肥指数：★★★★★　　烹饪难度：★★★☆☆

材　料：莴苣200克、小番茄2个、玉米粒1大匙、自制无糖酸奶100克、苜蓿芽少许、小黄瓜20克、奇异果适量

做　法：1.莴苣洗净切除剥成片状；小番茄洗净。

2.奇异果用汤匙压碎后加入酸奶搅拌均匀成酱汁。

3.莴苣片上依序放入小番茄、苜蓿芽、玉米粒、黄瓜条，最后淋上奇异果酸奶酱即可食用。

热量(kcal)	糖类(g)	蛋白质(g)	脂肪(g)	膳食纤维(g)
132	46	7	1	5

※营养师的叮咛：

为了避免大量水溶性维生素的流失，莴苣要先洗后切；莴苣叶营养价值比茎高，应茎叶同食。

莴苣沙拉

微量元素的藏宝库

海带
Kelp

海带每100克只有16千卡，但纤维质却是白米的15倍，具有超低热量高纤维质的特性，常常被拿来当作减肥时嘴馋的点心，因为它超高量的水溶性纤维质，能够吸收水分，占住肠道，消除饥饿感。每100克含有钙质87克，是白米的14.5倍，几乎与鲜奶相同。对于有乳糖不耐症，无法从乳制品获得高钙质来源的人，可以多吃海带补充钙质，因为摄取钙质高的人比较不容易发生过重、肥胖、胰岛素阻抗等问题，可以促进脂肪的分解，减少脂肪合成。

海带含有丰富的碘，可以强化甲状腺的功能，促进热量代谢和消耗，分解脂肪，因此美容界常常以海藻胶当作瘦身霜的主要成分。另外还含有植物固醇，可以清除血脂，预防心血管疾病。海带中有3种主要多糖，即褐藻胶、褐藻糖胶等，具有抗辐射、增强免疫、防癌等功效。

银芽海带丝

懒人指数：★★★★☆　　减肥指数：★★★★★　　烹饪难度：★★★☆☆

材　料：海带丝100克、绿豆芽100克、红辣椒丝10克、蒜末1大匙。

调味料：乌醋1大匙、盐1小匙

做　法：1.海带丝洗净切段，氽烫后捞起；绿豆芽洗净氽烫后捞起。

2.海带丝与绿豆芽盛盘备用。

3.红辣椒丝加入大蒜末、调味料拌匀成酱汁，淋上海带丝以及绿豆芽即成。

热量(kcal)	糖类(g)	蛋白质(g)	脂肪(g)	膳食纤维(g)
55	0	4	1	5

银芽
海带丝

白白嫩嫩的美人脚

茭白笋
Water Bamboo

茭白笋俗称“茭瓜”，是中国特有水生蔬菜。颜色乳白，质地嫩，味道清香。对于不喜欢吃青菜的人，茭白笋的接受度较高。茭白笋高纤低热量，每100克只有22千卡，比白米还低331千卡，水分93.5％，纤维质含量是白米的10倍，多吃茭白笋不会发胖，还能借助纤维质吸附油脂，降低肠道油脂吸收，逐渐消耗体内过多的脂肪，达到减肥的效果。

烤茭白笋

懒人指数：★★★★★　　减肥指数：★★★★★　　烹饪难度：★☆☆☆☆

材　料：茭白笋200克

做　法：1.茭白笋连壳洗净后，包上锡箔纸备用。

2.放入烤箱以170℃烤15分钟，待熟透后即可食用。

热量(kcal)	糖类(g)	蛋白质(g)	脂肪(g)	膳食纤维(g)
44	9	3	0	4

一整年都吃得到的好滋味

四季豆
String bean

四季豆又称为“敏豆”，豆夹嫩脆，含有丰富的营养。每100克热量只有34千卡，膳食纤维是白米的12～13倍，属于高纤的减肥食物，饱足感高，可以替代晚餐，让人不吃淀粉类也能拥有满足感。

四季豆可以促进脂肪排泄，减少脂肪吸收，降低热量摄取，加速减肥。含丰富的镁、钾、维生素B_2、维生素C，能增加热量代谢速度，降低体脂肪阻抗，让减肥变得更容易。

腐乳四季豆

懒人指数：★★★★☆
减肥指数：★★★★★
烹饪难度：★★☆☆☆
材　料：四季豆200克、盐1大匙
腐乳酱：麻油辣腐乳2小匙、低盐酱油1大匙
做　法：1.四季豆摘去老筋洗净切段，以滚水汆烫后捞起备用。
2.将辣腐乳与低盐酱油混合拌匀即成酱汁。
3.将酱汁淋于四季豆上即成。

热量(kcal)	糖类(g)	蛋白质(g)	脂肪(g)	膳食纤维(g)
78	15	5	1	5

烤四季豆

懒人指数：★★★★☆
减肥指数：★★★★★
烹饪难度：★★☆☆☆
材　料：四季豆200克、蒜末10克
调味料：低卡洛里植物奶油10克、黑胡椒少许、盐少许
做　法：1.四季豆洗净切段，撒上黑胡椒、盐与蒜末。
2.锡箔纸涂上低卡洛里植物奶油，放上四季豆包起后，放入烤箱以170℃烤5分钟即成。

热量(kcal)	糖类(g)	蛋白质(g)	脂肪(g)	膳食纤维(g)
93	17	4	1	5

纤食中优雅的皇后

芦笋
Asparagus

芦笋依照颜色可以分为白芦笋和绿芦笋，差别在于芦笋的嫩茎长出地面照到阳光，就会由白色变成绿色。营养价值上绿芦笋的营养素比白芦笋高一些，含有的维生素A高于白芦笋，每100克含有318单位的维生素A，可以减少体重增加和脂肪的囤积。此外铁质含量也是绿芦笋较多，约是白米的10倍，白芦笋的3倍。

芦笋是碱性食物，能帮助调整体质；热量低，每100克只有25千卡，膳食纤维高是白米的9倍，适合凉拌食用，芦笋能减少肠胃吸收油脂，帮助清除血脂，促进减肥成效。

芦笋是丰富的叶酸来源，不论绿芦笋还是白芦笋都含有高量的叶酸，能帮助解决产后肥胖的问题。每100克中的白芦笋含有68毫克的叶酸，绿芦笋更高，有93毫克。

冰镇芦笋

懒人指数：★★★★☆
减肥指数：★★★★★
烹饪难度：★★☆☆☆
材　料：绿芦笋300克
做　法：1.芦笋洗净后入滚水中汆烫后捞起。
2.以冷水冲凉，放入冰箱冷藏30分钟后即可食用。

热量(kcal)	糖类(g)	蛋白质(g)	脂肪(g)	膳食纤维(g)
95	13	9	1	4

芦笋紫菜卷

懒人指数：★★★★★
减肥指数：★★★★★
烹饪难度：★★★☆☆
材　料：绿芦笋50克、紫菜1张、玉米粒20克、柴鱼片少许
做　法：1.芦笋洗净后放入滚水中烫熟后捞起，冲凉后冷藏擦干水分切小段。
2.将芦笋段和玉米粒、苜蓿芽柴鱼片一起用紫菜卷起来即可食用。

热量(kcal)	糖类(g)	蛋白质(g)	脂肪(g)	膳食纤维(g)
45	8	2	0	2

芦笋紫菜卷

生吃熟食都美味

甜椒
Sweet Pepper

甜椒味道不辣，带有微微甜味，色彩鲜艳，有各种颜色：红、橘、黄、绿，含有丰富的维生素A、维生素C、钾等营养素，尤其维生素C含量是蔬菜中最高的，甚至高于奇异果和柳橙。甜椒每100克含有94毫克的维生素C，只要吃一个甜椒，几乎就能达到卫生署对于维生素C的建议量100毫克。

甜椒高纤低热量，每100克只有25千卡。甜椒含有丰富的维生素A，可以减少体重增加和脂肪囤积。

苹果醋甜椒

懒人指数：★★★★☆
减肥指数：★★★★★
烹饪难度：★★☆☆☆
材　料：甜椒200克
调味料：苹果醋1小匙、味醂1小匙、砂糖1/2小匙、温开水2大匙
做　法：1.将所有调味料搅拌均匀成苹果醋酱。
2.甜椒洗净去籽切块，放入滚水中略微汆烫后捞起，淋上苹果醋汁拌匀即成。

热量(kcal)	糖类(g)	蛋白质(g)	脂肪(g)	膳食纤维(g)
75	14	2	0	4

※营养师的叮咛：
买回的甜椒要用冷开水冲洗，口感才会鲜脆好吃。

冰心话梅甜椒

懒人指数：★★★★☆
减肥指数：★★★★★
烹饪难度：★★☆☆☆
材　料：甜椒200克
调味料：无籽冰心话梅10克、冷开水2大匙
做　法：1.无籽冰心话梅切半泡冷开水备用。
2.甜椒洗净去籽切块，放入滚水中汆烫后捞起，淋上话梅汁即成。

热量(kcal)	糖类(g)	蛋白质(g)	脂肪(g)	膳食纤维(g)
72	15	2	1	4

冰心话梅甜椒

健胃顾肠助消化

秋葵

Okra

秋葵特殊黏滑口感，一直是日本人最爱的食物之一。秋葵又称羊角豆，结果后长得很快，3～5天果实就会长得太老。其嫩果可做蔬菜食用，口感软糯黏滑。秋葵有独特的外形与口感，横切呈现星星状，有“星星蔬菜”之称。秋葵嫩果中含有黏滑汁液，此黏液由水溶性纤维果胶、半乳聚糖和阿拉伯树胶等组成，可以帮助消化，治疗胃炎、胃溃疡，以及保护肝脏和增强体力的功效。秋葵因为富含有黏液质，可以保护肠胃，避免过敏原的刺激，所以发生肠胃不适，可以多吃秋葵，补充黏液质稳定肠道黏膜。

每100克秋葵有40千卡热量，比白米低313千卡，它含有高量的膳食纤维，是白米的20.5倍，若是当成晚餐食用，具有很好的消脂和减肥功效。除此之外还有丰富的矿物质，包括钾、钙、镁。

蒜拌秋葵

懒人指数：★★★★☆
减肥指数：★★★★★
烹饪难度：★★☆☆☆
材　料：秋葵200克
蒜蓉酱：蒜末2小匙（10克）、酱油膏1大匙
做　法：秋葵洗净后切片放入滚水中烫熟后捞起，蘸取蒜蓉酱一起食用。

热量(kcal)	糖类(g)	蛋白质(g)	脂肪(g)	膳食纤维(g)
98	20	6	0	9

※营养师的叮咛：

秋葵不要烫太久，烫3～5分钟即成，否则会黏黏糊糊的，口感变差。

红酒醋秋葵

懒人指数：★★★★☆
减肥指数：★★★★★
烹饪难度：★★☆☆☆
材　料：秋葵200克
红酒醋酱：红酒醋1小匙、味醂1小匙、糖1小匙、温开水2大匙
做　法：1.所有调味料加冷开水调匀。
2.秋葵洗净后放入滚水中烫熟后捞起，淋上酱汁拌匀后食用。

热量(kcal)	糖类(g)	蛋白质(g)	脂肪(g)	膳食纤维(g)
97	21	5	0	8

大白菜

Chinese Cabbage

大白菜又叫“结球白菜”或“包心白菜”，它与圆白菜一样，都是属于低热量的蔬菜，也是减肥者的最佳食物。每100克的大白菜只有12千卡的热量，比白米少341千卡，而且纤维质含量是白米的4.5倍，多吃有饱足感，却不会发胖。大白菜含有丰富的叶酸，每100克有67微克的叶酸，与白芦笋含量相近，叶酸摄取不足会导致产后肥胖，想要预防这种情况可以多吃大白菜。

它的钙质是白米的7倍，能够抑制副甲状腺素，干扰脂肪合成，促进脂肪分解。还有丰富的维生素C，有助于消除体脂肪阻抗，增加减肥速度。完全不含胆固醇，对身体零负担。大白菜具有利肠通便的效果，可促进肠壁蠕动，帮助消化，预防宿便的产生。

大白菜豆腐汤

懒人指数：★★★★☆　　减肥指数：★★★★★　　烹饪难度：★☆☆☆☆

材　料：大白菜200克、嫩豆腐100克

调味料：盐1小匙

做　法：1.大白菜洗净切片备用；嫩豆腐切小块备用。

2.汤锅中煮滚水600毫升，加入大白菜、嫩豆腐，再次煮滚后加盐调味即成。

热量(kcal)	糖类(g)	蛋白质(g)	脂肪(g)	膳食纤维(g)
97	11	8	5	5

生菜沙拉代言人

蒟蒻 Konnyaku

蒟蒻俗称魔芋、蛇芋、鬼芋等，是天南星科蛇芋属多年生宿根性块茎草本植物，我们食用的是它的地下茎。蒟蒻的主要加工过程是以蒟蒻薯制成粉，再加上大量水分经由过滤、混合后制成，因此蒟蒻的成分主要为水和纤维，属于低热量高纤食品。每100克的蒟蒻只有20千卡热量，类似蔬菜，比白米低323千卡，水分占95％，膳食纤维是白米的22倍，所以以蒟蒻当成代餐食用，常吃可以快速降低体脂肪和体重。

不过要注意的是加工的蒟蒻食品，如：加入面粉做成的蒟蒻饼干，或是加糖做成的蒟蒻蜜饯、蒟蒻果冻，虽然热量比一般零食来得低，可以稍微满足想要吃零食的欲望，但是绝对不能无限制一直吃。很多人以为蒟蒻可以减肥，就一直吃蒟蒻饼干、蒟蒻蜜饯，无限吃反而会变胖。

芥末蒟蒻

懒人指数：★★★★☆

减肥指数：★★★★★

烹饪难度：★★☆☆☆

材　料：蒟蒻片200克、白萝卜50克

芥末酱：芥末1小匙、低盐酱油1大匙

做　法：1.蒟蒻片洗净，放入滚水中烫熟后捞起。

2.白萝卜去皮洗净刨成细丝，铺上蒟蒻片，蘸取芥末酱食用即成。

热量(kcal)	糖类(g)	蛋白质(g)	脂肪(g)	膳食纤维(g)
54	12	1	1	10

※营养师的叮咛：

市售的蒟蒻包装内含有液体，是为了保存蒟蒻的石灰水，记得在烹调前先用热水烫过蒟蒻，或用盐搓揉后再煮，就能去除怪味。

日式蒟蒻凉面

懒人指数：★★★★☆

减肥指数：★★★★★

烹饪难度：★★☆☆☆

材　料：蒟蒻丝150克、鸡胸肉30克、玉米笋25克、小黄瓜25克、柴鱼片少许、小番茄1个

日式凉面酱：低盐酱油2小匙、白醋1/4小匙、糖1/4小匙、芝麻1小匙、蒜末少许、姜末少许

做　法：1.玉米笋氽烫对切，小番茄对切。

2.蒟蒻丝沥干水分排入盘中，小黄瓜洗净切丝铺其上。

3.将凉面酱料拌匀淋在蒟蒻丝上，放上柴鱼片即可食用。

热量(kcal)	糖类(g)	蛋白质(g)	脂肪(g)	膳食纤维(g)
120	10	8	6	7

日式蒟蒻
凉面

美容食材界永远的明星

小黄瓜
Cucumber

小黄瓜又叫做“胡瓜”或“花瓜”，口感脆嫩，可以直接生吃。小黄瓜每100克只有15千卡，比白米低338千卡。纤维质是白米的4～5倍，完全零胆固醇，具有超低热量的特性，适合凉拌、生吃。若是晚上饥饿难耐，又不想减肥破功的人，可以在冰箱中多存放一些小黄瓜，当作解除饥饿的点心。

小黄瓜中含有丙醇二酸，可抑制淀粉质转为脂肪的作用。还可以促进肠道蠕动，加速废物的排除，解决宿便困扰。并含有丰富的钾盐和胡萝卜素、维生素B_1、维生素B_2、蛋白质以及磷、铁等营养成分。在美容方面，小黄瓜可以说是常用的美肤用品，用小黄瓜敷脸，可以舒缓晒黑的肌肤，防止色素沉淀。

小黄瓜苹果汁

懒人指数：★★★★☆　减肥指数：★★★★★　烹饪难度：★★☆☆☆

材　料：小黄瓜200克、苹果100克、开水250毫升

做　法：1.小黄瓜、苹果洗净切成小块备用。

2.将小黄瓜及苹果块放入果汁机中，加入开水打汁即成。

热量(kcal)	糖类(g)	蛋白质(g)	脂肪(g)	膳食纤维(g)
65	16	1	0	3

黄豆芽
Soybean Sprout

豆芽属高纤减肥食物，它的膳食纤维含量是白米的15倍，同样可以增加脂肪排泄，降低脂肪吸收，达到减肥效果。黄豆芽热量远低于同样重量的黄豆、豆浆、豆干，每100克只有37千卡，并含有高量的维生素A，每100克黄豆芽含有275单位的维生素A，可以减少体重增加和脂肪囤积。此外黄豆芽含有丰富的植物固醇，可以清除血脂，预防心血管疾病。

对于更年期妇女，多吃黄豆芽能提供丰富的大豆异黄酮，改善更年期症候群，增加骨质密度，还可以降低体脂肪和身体质量指数，对于更年期肥胖具有改善效果。

黄豆芽凤爪汤

懒人指数：★★★★☆　　减肥指数：★★★★★　　烹饪难度：★★★☆☆

材　料：黄豆芽100克、凤爪2只

调味料：盐少许

做　法：1.黄豆芽洗净，凤爪洗净切段备用。

2.汤锅煮滚水800毫升，加入凤爪以小火煮3分钟，续入豆芽煮1分钟，以盐调味即成。

热量(kcal)	糖类(g)	蛋白质(g)	脂肪(g)	膳食纤维(g)
96	12	15	1	9

※营养师的叮咛：

凤爪可请肉贩切好，凤爪含丰富胶质可保持肌肤弹性。

萝卜赛人参

萝卜
Radish&Carrot

萝卜俗称“菜头”，有白萝卜、绿萝卜、胡萝卜、紫萝卜等种类。白萝卜的热量较低，每100克只有21千卡，热量比白米低332千卡，比胡萝卜低17千卡，但胡萝卜有白萝卜缺少的维生素A，每100克的胡萝卜有9 980单位的高量维生素A，营养价值各有优异，因为动物实验证实长期补充高量但不具有毒性的维生素A，可以减少体重增加和脂肪的囤积。

胡萝卜的纤维质含量是白萝卜的2倍，白米的13倍，不过胡萝卜属于高胰岛素食物，食用时最好加上醋降低胰岛素，才能达到减肥功效，否则容易有反效果。白萝卜属于低胰岛素食物，可以降低脂肪阻抗，加速减肥。萝卜生吃时味道辛辣，且不适合体质寒冷的人，建议氽烫或煮熟后再食用。

胡萝卜酸辣汤

懒人指数：★★★★☆

减肥指数：★★★★★

烹饪难度：★★★☆☆

材　料：胡萝卜80克、黑木耳50克、榨菜50克、红辣椒20克

调味料：镇江醋1小匙、低盐酱油1大匙、盐少许

做　法：1.胡萝卜、黑木耳、榨菜洗净切丝备用；红辣椒切末备用。

2.汤锅煮滚水800毫升，加入所有材料煮滚后，以调味料拌匀即成。

热量(kcal)	糖类(g)	蛋白质(g)	脂肪(g)	膳食纤维(g)
68	15	2	0	4

香菇萝卜汤

懒人指数：★★★★☆

减肥指数：★★★★★

烹饪难度：★★★☆☆

材　料：白萝卜200克、干香菇1朵、芹菜末少许

调味料：胡椒盐少许

做　法：1.香菇洗净用热水泡软，切段备用；萝卜洗净去皮切块备用。

2.汤锅中煮滚水800毫升，放入香菇、萝卜再次煮滚后以胡椒盐调味，再撒上芹菜末即成。

热量(kcal)	糖类(g)	蛋白质(g)	脂肪(g)	膳食纤维(g)
62	13	3	1	5

香菇萝卜汤

滑溜顺畅的轻盈冻感

洋菜
Agar

洋菜是热门的减肥食物“寒天”。洋菜热量低，每次使用量只需1～2克，即含有比蒟蒻还丰富的膳食纤维，每10克的洋菜只有30.6千卡，却有7.36克的膳食纤维，对饱足感的提升和便秘的排解，都有非常好的效果。许多日本美眉靠着吃洋菜，达到了惊人的减肥效果，不只是便秘解除了，体重更减下许多。洋菜属于低胰岛素食物之一，可以降低脂肪合成速度。

洋菜也含有丰富的钙质，可以抑制脂肪合成和刺激脂肪分解，还可以促进粪便中脂肪的排泄，提高身体体温，增加基础代谢率。洋菜也含有丰富的锌，每天只要吃20克的洋菜就能达到每天人体对于锌的需求量，活化身体的酶，促进新陈代谢。想要瘦得快的人，可以把洋菜粉煮汤或加到饮料中食用，就能轻轻松松减肥成功。

凉拌洋菜丝

懒人指数：★★★★☆
减肥指数：★★★★★
烹饪难度：★★★☆☆
材　料：洋菜条10克、小黄瓜50克、大番茄100克
姜汁酱：嫩姜切末10克、酱油膏1大匙
做　法：1.洋菜洗净，用热开水泡软后沥干备用。
2.小黄瓜洗净切丝；番茄洗净切小丁。
3.将洋菜、小黄瓜、番茄丁拌入姜汁酱一起食用。

热量(kcal)	糖类(g)	蛋白质(g)	脂肪(g)	膳食纤维(g)
82	18	3	0	10

洛神洋菜冻

懒人指数：★★★★☆
减肥指数：★★★★★
烹饪难度：★★☆☆☆
材　料：洋菜5克、蜂蜜1大匙、洛神花5朵
做　法：1.洛神花加100毫升开水泡开后过滤，加入蜂蜜搅拌均匀。
2.500毫升水中加入洋菜粉轻轻搅拌直到煮沸，熄火后加入洛神花果汁拌均匀，倒入大碗中等凝固即成。

热量(kcal)	糖类(g)	蛋白质(g)	脂肪(g)	膳食纤维(g)
63	16	0	0	4

千变万化的国民蔬菜

圆白菜
Cabbage

圆白菜是一种碱性食物，含有丰富的维生素C、钾。每100克只有23千卡，热量比白米低330千卡，水分93.5%，纤维质含量是白米的6～7倍，增加饱足感，降低油脂吸收，促进减肥。因为烹调方法多变，无论何种料理方法几乎都适合圆白菜，是很受欢迎的减肥蔬菜。

圆白菜每100克含有33毫克的维生素C，研究发现维生素C的耗尽，会增加体脂肪的阻抗，让减肥更加困难，同时发现增加维生素C摄取，会降低当餐的升糖指数，降低胰岛素，减少脂肪合成。所以多吃圆白菜，有助于减肥。

糖醋圆白菜

懒人指数：★★★★☆
减肥指数：★★★★★
烹饪难度：★★★☆☆
材　料：圆白菜200克
糖醋酱：白醋1大匙、盐1小匙、糖1小匙、冷开水100毫升
做　法：1.圆白菜洗净切段，加入滚水中烫熟捞起。
2.淋上糖醋酱汁即成。

热量(kcal)	糖类(g)	蛋白质(g)	脂肪(g)	膳食纤维(g)
70	9	2	1	3

圆白菜蛋花汤

懒人指数：★★★★☆
减肥指数：★★★★☆
烹饪难度：★★☆☆☆
材　料：圆白菜100克、鸡蛋1个
调味料：胡椒盐少许
做　法：1.圆白菜洗净后切丝；鸡蛋去壳打匀备用。
2.汤锅加水600毫升，加入圆白菜煮滚后，淋上蛋汁搅拌均匀，以胡椒盐调味即成。

热量(kcal)	糖类(g)	蛋白质(g)	脂肪(g)	膳食纤维(g)
104	5	8	6	1

美容管吃也管用

丝瓜
Silk Squash

丝瓜俗称“菜瓜”，干了可以做菜瓜布，嫩叶可以入菜，藤茎的汁液可以当作保湿美白化妆水。长期食用或用丝瓜液保养，能使皮肤变得光滑、细腻，具有消炎、美白的特殊功效，可以说是“美容瓜”。而在中医里，丝瓜可用来治疗便秘、口干、牙龈肿胀、小便刺痛等症状。

丝瓜每100克只有17千卡，比白米低336千卡。纤维质是白米的3倍，还含有丰富的几丁聚糖，可以减少肠道对于脂肪的吸收，抑制脂肪酶的活性。

烤丝瓜

懒人指数：★★★★☆
减肥指数：★★★★★
烹饪难度：★★☆☆☆
材　料：丝瓜400克（约1条）、姜丝少许
调味料：胡椒盐少许
做　法：1.丝瓜洗净去皮切片，撒上姜丝和胡椒盐，以铝箔纸包起。
2.放入烤箱以170℃烤10分钟即成。

热量(kcal)	糖类(g)	蛋白质(g)	脂肪(g)	膳食纤维(g)
51	10	3	0	2

丝瓜蛤蜊汤

懒人指数：★★★★☆
减肥指数：★★★★★
烹饪难度：★★★☆☆
材　料：丝瓜200克（约半条）、蛤蜊10个、姜丝少许
调味料：盐少许
做　法：1.丝瓜洗净去皮切片备用；蛤蜊吐沙洗净备用。
2.锅中煮滚水1 000毫升，加入丝瓜、蛤蜊及姜丝，再次煮滚后加盐调味即成。

热量(kcal)	糖类(g)	蛋白质(g)	脂肪(g)	膳食纤维(g)
75	9	9	1	1

※营养师的叮咛：

买蛤蜊时最好能买已经吐好沙的，这样回家料理比较省事。没吃完的蛤蜊洗净后分装冷冻可保存约15天。

丝瓜蛤蜊汤

沁甜鲜果味
Fruit

水果减肥法是坊间流行的减肥方法之一，然而水果并不是没有热量，
它跟高纤维低热量的蔬菜和藻类不同。水果跟淀粉类一样都含有糖分，
只因为水分含量高，所以热量的密度比淀粉类来得低，
不过并不是所有水果都是属于热量密度低的水果，
像榴莲、荔枝、龙眼、释迦、白柚、各种水果干、水果蜜饯、
浓缩果汁的热量高得惊人，不但无法达到减肥效果，
反而吃多会发胖。

把握以水果瘦身成功的秘诀有三：

只吃新鲜水果或喝鲜榨果汁

市售果汁一定要避免食用，因为市售的果汁大多都有加糖调味，每100毫升有30～50千卡的热量。就算是新鲜压汁，都有可能让你变胖，像鲜榨柳橙汁，1颗柳橙可榨出50～80毫升的原汁，一杯500毫升柳橙汁，其实等于吃了6～8个柳橙的热量。

连同水果纤维一起吃

减重期间要尽量把果肉吃下去，能够连皮吃的更好，不要只喝水果的汁，因为将水果纤维都吃下去时，可增加饱足感，还能降低升糖指数，避免脂肪囤积。

多吃体积大、热量密度低的水果

选择相同热量下体积较大的水果，如1碗西瓜、1/2个香瓜、1/2个泰国芭乐、1个中型苹果、1/3个哈密瓜、1/2木瓜等，其可食用的体积都是比较多的，也比较容易达到饱足的效果。

水果类食材选购方法

果皮完整、颜色鲜艳、没有斑痕、成熟适度、果体坚实、无斑点、无腐烂、虫咬或损坏情况。

水果类的保存方法

洗净擦干用保鲜盒或多孔的塑胶袋套好，放在冰箱下层或阴凉处，趁新鲜食用，存放越久，营养流失越多。

注意事项：

1. 水果应该洗净后再去皮，以免农药残留。
2. 水果为保持营养不流失，最好以生食为原则。
3. 去果皮、切开或打汁后，维生素C容易氧化破坏，应尽快饮用。

Tips
水果毕竟含有丰富果糖，还是不能无节制地大吃。

水果是辅助减肥，不能三餐只吃水果，这样容易造成营养不良、贫血等症状。建议想要采用水果餐减肥时，最多取代1～2餐，另外一餐一定要有高蛋白质食物再加上低脂牛奶，才能达到健康的减肥功效。

美丽的不只外表而已

草莓
Strawberry

草莓鲜嫩多汁，香气浓郁，酸甜可口，一直是最受大家喜爱的水果之一。草莓是低胰岛素减肥食物之一，能减少胰岛素分泌，降低脂肪合成，具有减肥功效。此外草莓也是碱性食物，能平衡偏酸的肉食性体质。

每100克的草莓果肉含有89％水分，39千卡的热量，9.2克的碳水化合物，3.3单位的维生素A，0.06毫克的维生素B_2，1.5毫克的烟碱素，66毫克的维生素C。草莓膳食纤维是白米的9倍，可以吸收水分，胀大体积，提供肠胃有饱足的感觉，还能降低脂肪吸收，减少血脂。草莓是富含维生素C的水果之一，维生素C含量是葡萄的16倍，柠檬的2倍，补充维生素C，具有降低脂肪阻抗，加速减肥的功效。草莓多酚可以抑制大肠中坏菌的生长，保护肠道健康，是天然的植物抗生素。草莓含有丰富的类黄酮物质，可清除脂质自由基，还有抗癌效果。美国营养学家研究后发现草莓自制无糖酸奶和燕麦是最容易让人觉得有饱足感的食物。

草莓酸奶

懒人指数：★★★★☆
减肥指数：★★★★★
烹饪难度：★★★☆☆
材　料：草莓200克、自制无糖酸奶100毫升、冷开水100毫升
做　法：1.草莓洗净去蒂切半备用。
2.将草莓、酸奶、冷开水拌匀即成。

热量(kcal)	糖类(g)	蛋白质(g)	脂肪(g)	膳食纤维(g)
94	21	4	0	4

草莓果冻

懒人指数：★★★★☆
减肥指数：★★★★★
烹饪难度：★★☆☆☆
材　料：草莓100克、水600毫升、洋菜粉10克
做　法：1.草莓洗净去蒂切半备用。
2.水中加入洋菜粉轻轻搅拌直到煮沸，熄火后倒入容器放入草莓待凝固即成。

热量(kcal)	糖类(g)	蛋白质(g)	脂肪(g)	膳食纤维(g)
70	17	1	0	9

草莓
果冻

消暑利尿又退火

西瓜
Water Melon

西瓜是夏天消暑最佳的食物，含水量高，95％都是水分。每100克的西瓜果肉含8微克的维生素C、100毫克的钾、0.04毫克的维生素B_6，维生素A含量丰富，每100克有126.7单位，可以减少体重增加和脂肪的囤积。西瓜对于减肥的贡献最主要是利尿、消除水肿。因为西瓜果肉所含的瓜胺酸、精胺酸成分，能促进尿素形成，促进利尿作用。

每100克的西瓜热量只有25千卡，跟蔬菜一样低，比白米低331千卡，且几乎不含脂肪。西瓜还具有医疗功效，西瓜籽壳及皮制成“西瓜霜”可以用来治疗口疮、口角炎。

西瓜芹菜汁

懒人指数：★★★★☆
减肥指数：★★★★☆
烹饪难度：★★☆☆☆
材　料：西瓜200克、西洋芹100克、开水200毫升
做　法：1.西洋芹洗净切段；西瓜去皮切块备用。
2.将所有材料放入果汁机打匀即成。

热量(kcal)	糖类(g)	蛋白质(g)	脂肪(g)	膳食纤维(g)
63	15	2	0	2

西瓜冰沙

懒人指数：★★★★☆
减肥指数：★★★★★
烹饪难度：★★☆☆☆
材　料：西瓜200克、冰块100克、冷开水50毫升
做　法：1.西瓜去皮切块备用。
2.将西瓜、冰块及水放入果汁机打匀即成。

热量(kcal)	糖类(g)	蛋白质(g)	脂肪(g)	膳食纤维(g)
50	12	1	0	1

※营养师的叮咛：
西瓜的白色果肉部分热量特低，且具有消除下半身水肿的作用，而芹菜具有舒缓情绪、降血压的功效，可以减少因饥饿造成的焦虑喔。

西瓜
冰沙

超甜美的低热量

哈密瓜
Honeydew Melon

哈密瓜的种类多，分为有网纹的新疆哈密瓜和一般哈密瓜。果肉细嫩多汁，香味浓郁，甜度极高，营养丰富。皮质坚韧而耐贮运，广受消费大众欢迎。新疆哈密瓜的热量较低，每100克仅有25千卡，比一般哈密瓜低6千卡，完全不含脂肪，哈密瓜富含维生素A，有助于减少脂肪囤积。它的水分含量丰富，能占据胃部空间，增加饱足感。

哈密瓜牛奶

懒人指数：★★★★☆　　减肥指数：★★★★★　　烹饪难度：★★☆☆☆

材　料：网纹哈密瓜200克、低脂鲜奶100 毫升、冷开水200毫升

做　法：1.哈密瓜洗净去皮去籽切小块备用。

2.加入低脂鲜奶、开水一起打匀即成。

热量(kcal)	糖类(g)	蛋白质(g)	脂肪(g)	膳食纤维(g)
98	18	5	1	1

※营养师的叮咛：

牛奶可以补充蛋白质提供饱足感，不过一定要选用低脂的喔。

吃不腻的低糖水果

莲雾
Wax Apple

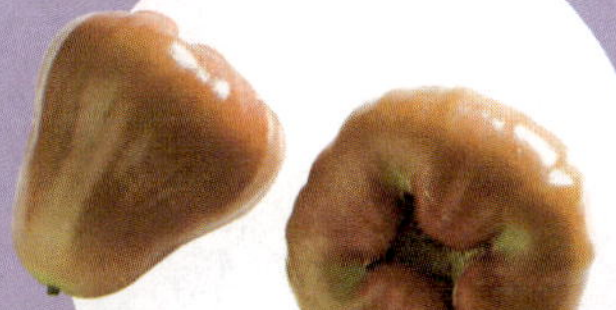

莲雾品种繁多，依照果皮颜色可分为大红色种、淡红色种、粉红南洋莲雾、白色新市莲雾、青绿色二十世纪莲雾、乳白色麻六甲莲雾、暗红色黑珍珠或黑金刚等。莲雾的成熟度越高，顶端果脐展开度越大。

莲雾口感香甜爽脆，是深受欢迎的减肥水果之一。具有解热、利尿、镇静神经的作用。每100克莲雾果肉含有34千卡热量，比白米低319千卡，膳食纤维是白米的5倍，含有17毫克的维生素C、70毫克的钾，8.6克的糖类，90.9%的水分。因为莲雾水分高，纤维质多，体积大热量低，在肠胃道特别有饱足感，再加上天然的利尿功效，对于想改善下半身水肿型肥胖的人特别有效。

莲雾番茄汁

懒人指数：★★★★☆
减肥指数：★★★★☆
烹饪难度：★★☆☆☆
材　料：莲雾200克、大番茄100克、开水200毫升
做　法：1.将莲雾、番茄洗净去蒂切小块备用。
2.与开水一起放入果汁机中打匀即成。

热量(kcal)	糖类(g)	蛋白质(g)	脂肪(g)	膳食纤维(g)
94	23	2	1	3

莲雾拌洋菜丝

懒人指数：★★★★☆
减肥指数：★★★★☆
烹饪难度：★★☆☆☆
材　料：莲雾200克、洋菜条10克
调味料：浙江醋2小匙
做　法：1.洋菜洗净用热开水泡软后，沥干备用。
2.莲雾去籽切成长条状，撒上洋菜丝、拌上红醋酱即成。

热量(kcal)	糖类(g)	蛋白质(g)	脂肪(g)	膳食纤维(g)
100	25	1	0	9

水蜜桃

Peach

水蜜桃是碱性食物的一种，可以调整偏酸性的肉食者体质，恢复正常新陈代谢速度。每100克的水蜜桃果肉含有87%的水分，43千卡的热量，4微克的维生素C，100微克的钾，10.7克的糖类，73.3单位的维生素A，膳食纤维是白米的7~8倍。补充高量维生素A，可以减少体重增加和脂肪的囤积。水蜜桃果实会让你有吃饱的感觉，这是因为它的糖类含量充足，又加上富含水溶性纤维的特性，容易吸水膨胀，增加体积充满你的胃，因此减肥中吃水蜜桃可以消除饥饿感。

水蜜桃也属于低胰岛素减肥食物之一，可以降低胰岛素的分泌，延长饱足感，抑制体脂肪的合成，加速减肥作用。

水蜜桃牛奶

懒人指数：★★★★☆
减肥指数：★★★★☆
烹饪难度：★★☆☆☆
材　料：水蜜桃200克（约1个）、低脂鲜奶120毫升、冷开水200毫升
做　法：1.水蜜桃用软毛刷洗净，去籽连皮切小块备用。
2.将水蜜桃、低脂鲜奶及开水加入果汁机打匀即成。

热量(kcal)	糖类(g)	蛋白质(g)	脂肪(g)	膳食纤维(g)
134	27	5	2	3

水蜜桃酸奶

懒人指数：★★★★★
减肥指数：★★★★★
烹饪难度：★★☆☆☆
材　料：水蜜桃200克（约1个）、自制无糖酸奶100毫升
做　法：1.水蜜桃用软毛刷洗净，去籽连皮切小块备用。
2.将水蜜桃拌入自制酸奶即成。

热量(kcal)	糖类(g)	蛋白质(g)	脂肪(g)	膳食纤维(g)
102	24	3	0	3

水蜜桃
酸奶

枇杷

Loquat

枇杷是低胰岛素减肥食物之一，能防止胰岛素过度产生，达到减少脂肪囤积的作用。每100克的枇杷果肉含有91%水分，热量32千卡，0.05毫克的维生素B_2、150毫克的钾和1.2克的膳食纤维，是白米的6倍，因为富含纤维及各种微量元素，是很有效的减肥食品。枇杷叶含有丰富的皂素，具有止咳化痰效果，是川贝枇杷膏的成分之一。

枇杷酸奶

懒人指数：★★★★☆
减肥指数：★★★★☆
烹饪难度：★★☆☆☆
材　料：枇杷185克(约7颗)、自制无糖酸奶100毫升
做　法：1.枇杷洗净去皮去籽后对半剥开备用。
2.拌入自制酸奶后，放入冰箱冷藏30分钟后即成。

热量(kcal)	糖类(g)	蛋白质(g)	脂肪(g)	膳食纤维(g)
80	19	2	0	2

枇杷莲藕汤

懒人指数：★★★★☆
减肥指数：★★★★☆
烹饪难度：★★☆☆☆
材　料：枇杷185克(约7颗)、莲藕50克
调味料：鸡精粉1小匙、盐少许
做　法：1.枇杷洗净去皮去籽后对半剥开；莲藕洗净削皮切成薄片备用。
2.汤锅煮滚水600毫升，加入莲藕、枇杷煮5分钟后，以鸡精粉、盐调味即成。

热量(kcal)	糖类(g)	蛋白质(g)	脂肪(g)	膳食纤维(g)
101	25	2	1	4

枣子

Jujube

枣子又叫做“绿枣”，口感清脆，味道香甜，营养丰富，每100克的枣子果肉约含有89％水分，46千卡的热量，糖类11.1克，5毫克的维生素A，3.3毫克的烟碱素，45毫克维生素C，200毫克的钾，膳食纤维是白米的9倍，属于低热量高纤维的减肥食品。而枣子中丰富的膳食纤维，可以减少肠中脂肪的吸收，促进肠子蠕动，消除便秘，长期食用还可以降低血脂。

枣子是碱性食物的一种，可以调整偏酸性的肉食者体质，恢复正常新陈代谢速度，促进排泄。枣子中高量的烟碱素，能够预防舌炎、恶心、皮肤炎，保持肌肤健康有光泽。

绿枣酸奶

懒人指数：★★★★☆

减肥指数：★★★★★

烹饪难度：★★☆☆☆

材　料：枣子200克、自制无糖酸奶100毫升、开水200毫升

做　法：1.枣子切小块备用。

2.放入果汁机中，加入自制酸奶、开水打汁即成。

热量(kcal)	糖类(g)	蛋白质(g)	脂肪(g)	膳食纤维(g)
100	23	3	0	4

绿枣苦瓜汁

懒人指数：★★★★☆

减肥指数：★★★★☆

烹饪难度：★★☆☆☆

材　料：枣子200克、苦瓜100克、开水200毫升

做　法：1.枣子和苦瓜洗净去籽切小块备用。

2.将枣子、苦瓜放入果汁机中，加入开水打匀即成。

热量(kcal)	糖类(g)	蛋白质(g)	脂肪(g)	膳食纤维(g)
110	26	3	1	6

瘦身水果之王

葡萄柚
Grapefruit

葡萄柚有“瘦身水果”之称，尤其是它独特的香味，根据日本大阪大学的研究指出，葡萄柚香味中的柠檬油精，可以影响自主神经，促进脂肪分解，降低食欲，减轻体重。美国约翰霍普金斯医学中心证实葡萄柚内含有的酶，可防止抑制过多脂肪和糖类，实验结果显示，接受葡萄柚减肥法的人平均13个礼拜就甩掉10%的体重。

葡萄柚属于低胰岛素减肥食物之一，每100克的葡萄柚果肉含有91.9%水分，33千卡的热量，7.8克的糖类，46.7单位的维生素A，38毫克的维生素C，可降低体脂肪阻抗，加速减肥作用。纤维含量是白米的6倍，能够增加饱足感，降低热量摄取。

葡萄柚蜜茶

懒人指数：★★★★☆　　减肥指数：★★★★☆　　烹饪难度：★★☆☆☆

材　料：葡萄柚果肉200克、蜂蜜1小匙、绿茶包、开水200毫升

做　法：1.葡萄柚果肉切块后备用；绿茶包泡茶备用。

2.葡萄柚倒入果汁机，再入加绿茶、蜂蜜打匀即成。

热量(kcal)	糖类(g)	蛋白质(g)	脂肪(g)	膳食纤维(g)
77	23	1	1	2

葡萄柚
蜜茶

连皮都好用

橘子
Tangerine

日本最近开始流行的“烤橘子减肥法”，日本学者对2群体脂肪过高的小白鼠进行研究，发现高脂肪饮食之下，每天在饮食分配中，摄取12%烤橘子的老鼠。1个月后体脂肪降低许多，这是因为橘子含有有机酸等成分，能抑制脂肪的制造，因而降低体脂，减轻体重。

橘子含有丰富的膳食纤维，是白米的11倍，容易产生饱足感，可以替代晚餐，达到减肥功效。橘子也是低胰岛素食物之一，借助降低血中胰岛素分泌，能减少脂肪囤积，加速减肥速度。

每100克的橘子果肉含有91%的水分，热量32千卡；此外还有丰富的维生素C，能有助于降低体脂肪的阻抗，降低体重。

烤橘子

懒人指数：★★★★☆

减肥指数：★★★★☆

烹饪难度：★★☆☆☆

材　料：橘子果肉200克（约1个）

做　法：1.橘子连皮包上铝箔纸备用。

2.烤箱预热，放入橘子以160℃烤10分钟即成。

热量(kcal)	糖类(g)	蛋白质(g)	脂肪(g)	膳食纤维(g)
64	15	1	0	4

※营养师的叮咛：

吃橘子最好能将果肉中的白色纤维一起吃，其中丰富的生物类黄酮可以帮助清除自由基，防止皮肤老化。

橘子白木耳汁

懒人指数：★★★★☆

减肥指数：★★★★☆

烹饪难度：★★★☆☆

材　料：橘子200克（约1个）、干白木耳20克、开水200毫升

做　法：1.白木耳洗净泡水5分钟后捞起沥干，加入100毫升水以中火微波2分钟备用。

2.橘子去皮切小块，加入白木耳、开水打匀即成。

热量(kcal)	糖类(g)	蛋白质(g)	脂肪(g)	膳食纤维(g)
99	23	2	1	11

仙人掌也可以吃?

火龙果
Dragon Fruit

火龙果属仙人掌科热带性植物，原产于热带美洲雨林，喜欢高温多湿之气候，火龙果依果肉颜色可区分为白色及红色两种，果肉中散布着约1万粒的黑色小种子。果实应用广泛可以用来生食、制酒、果酱、果汁、果冻及制花茶。

每100克的火龙果果肉含有85.8%的水分，50千卡热量，12.5克的糖类，190毫克的钾，31毫克的镁，可以加速热量代谢，消耗体脂肪，还有高量的膳食纤维，是白米的8～9倍。火龙果富含水溶性膳食纤维，具有降低血脂、降血糖、改善便秘的功效，火龙果的纤维吸水后会膨胀10～15 倍，产生凝胶状物质，可以令胃部有充满食物的感觉，延长饱足时间，能够降低热量，减轻体重。

火龙果番茄汁

懒人指数：★★★★☆　　减肥指数：★★★★★　　烹饪难度：★☆☆☆☆

材　料：火龙果100克、大番茄100克、开水200毫升

做　法：1.大番茄洗净切块，火龙果洗净去皮切块备用。

2.将火龙果及番茄放入果汁机，加入开水打匀即成。

热量(kcal)	糖类(g)	蛋白质(g)	脂肪(g)	膳食纤维(g)
67	18	2	0	3

苹果

Apple

苹果可以称为水果减肥的始祖，多年前就盛行过“三日苹果减肥法”。这是因为苹果含有丰富的营养和膳食纤维，让人能够靠吃苹果提供身体需要的热量和基本的饱足感。苹果含有丰富的各种营养素，包括苹果酸、枸橼酸、鞣酸、维生素、矿物质、糖类等。

苹果含有丰富的苹果果胶，还能够吸收肠胃中的有害物质，促进排泄功能，因此能够清除血脂，预防大肠癌的发生。苹果的种类繁多，每100克的苹果果肉含有45～53千卡的热量，糖类11.4～13.7克，3.8～356.7毫克的维生素A，2～2.5毫克的维生素C，100～130毫克的钾，膳食纤维是白米的6～9倍。

苹果最好能连皮一起吃，才能吃进所有的果胶和纤维质，达到减肥功效。它是碱性食物的一种，可以调整偏酸的肉食者体质，恢复正常新陈代谢速度，促进排泄，改善便秘。近年科学家让14名经常过敏的人每天食用8克苹果果胶，3周后的血液检查结果显示，与吃果胶前相比，患者体内导致过敏的组胺浓度下降了24%，因此认为苹果的果胶具有改善过敏体质的作用。

蜂蜜苹果绿茶

懒人指数：★★★★☆　　减肥指数：★★★★★　　烹饪难度：★★☆☆☆

材　料：小苹果去籽100克、绿茶包1个、蜂蜜1小匙

做　法：1.苹果洗净切片备用。

2.锅中煮水300毫升，放入苹果片以小火煮5分钟，熄火后放入绿茶包、蜂蜜搅拌后即成。

热量(kcal)	糖类(g)	蛋白质(g)	脂肪(g)	膳食纤维(g)
77	22	0	0	2

蜂蜜
苹果绿茶

凤梨

Pineapple

凤梨果肉酸甜，营养丰富，内含有机酸、苹果酸、柠檬酸、维生素、矿物质、糖类。每100克的凤梨果肉含有87％水分，46千卡热量，11.6克糖类，5.1单位的维生素A，9毫克的维生素C，膳食纤维是白米的7倍。凤梨是低胰岛素减肥食物之一，可以降低胰岛素的分泌，避免造成低血糖而狂吃。可延长饱足感，抑制体脂肪的合成，降低体重。根据研究指出食用凤梨可以有效降低血脂肪。

凤梨含有凤梨蛋白酶，可以帮助蛋白质的分解。肉食主义者，有时会出现消化不良、胃胀等问题，可在晚餐食用凤梨帮助蛋白质消化、分解。凤梨是碱性水果，可以调整因为肉类过量而偏酸的体质，恢复正常新陈代谢，帮助减重持续进行。

凤梨甜椒汁

懒人指数：★★★★☆

减肥指数：★★★★☆

烹饪难度：★★☆☆☆

材　料：凤梨果肉200克、甜椒100克、开水200毫升

做　法：1.凤梨果肉切小片，甜椒洗净去籽切片备用。

2.将凤梨及甜椒放入果汁机中，加入开水打匀即成。

热量(kcal)	糖类(g)	蛋白质(g)	脂肪(g)	膳食纤维(g)
117	29	3	1	5

※营养师的叮咛：

凤梨含糖量不低，建议每日食用量限200克以下。

凤梨酸奶

懒人指数：★★★★☆

减肥指数：★★★★★

烹饪难度：★★☆☆☆

材　料：凤梨果肉100克、自制无糖酸奶100毫升、开水100毫升

做　法：1.凤梨果肉切小片备用。

2.将凤梨、自制酸奶放入果汁机中，加入开水打匀即成。

热量(kcal)	糖类(g)	蛋白质(g)	脂肪(g)	膳食纤维(g)
108	26	3	0	3

李子
Plum

李子果皮呈暗红色或紫色，富含香气。每100克的李子果肉，含有84.6%水分，56千卡，13.9克的糖类，50单位的维生素A，17毫克的维生素C，120毫克的钾。

李子含有丰富的花青素，花青素是一种很有效的抗氧化物，可以清除脂质自由基。最新研究发现多吃花青素还具有减肥功效，可以减少肝脏与脂肪组织中的脂肪合成，有助于减肥，补充花青素还可以抗发炎保护心血管。

李子是低胰岛素减肥食物之一，可以降低胰岛素的分泌，避免造成低血糖而狂吃，延长饱足感，抑制体脂肪的合成。李子肉质厚实，极有饱足感，丰富的膳食纤维是白米的7倍，可以吸水膨胀，促进脂肪和有毒物质排泄，加上李子具有轻泻作用，可以解决宿便问题，加速体重减轻。

李子酸奶

懒人指数：★★★★☆
减肥指数：★★★★★
烹饪难度：★★★☆☆
材　料：李子100克、自制无糖酸奶100毫升、开水200毫升
做　法：李子洗净去籽，连皮切小片，放入果汁机中，加入酸奶、开水打汁即成。

热量(kcal)	糖类(g)	蛋白质(g)	脂肪(g)	膳食纤维(g)
72	16	2	0	2

李子番茄汁

懒人指数：★★★★☆
减肥指数：★★★★★
烹饪难度：★★☆☆☆
材　料：李子100克、大番茄100克、开水200毫升
做　法：大番茄洗净切块；李子洗净去籽切小片，放入果汁机中加入开水打汁即成。

热量(kcal)	糖类(g)	蛋白质(g)	脂肪(g)	膳食纤维(g)
82	19	2	1	3

把宿便清光光

金橘
Kumquat

金橘属于柑橘类的一种，每100克的金橘果肉含有66.7单位的维生素A，40千卡热量，31毫克的维生素C，10毫克的镁，1.7克膳食纤维，可以减少脂肪吸收。金橘含有丰富的维生素C能促进胶原蛋白合成，嫩白皮肤，还可降低体脂肪的阻抗性，加速减肥。

金橘也属于低胰岛素减肥食物之一，可以降低胰岛素的分泌，避免造成低血糖而狂吃，延长饱足感，减少体脂肪的合成。金橘也是碱性食物的一种，可以调整偏酸性的肉食者体质，帮助血液循环及新陈代谢运作正常，让排便更顺畅。

金橘梅子茶

懒人指数：★★★★★
减肥指数：★★★★★
烹饪难度：★★☆☆☆
材　料：金橘200克、酸梅1颗、绿茶包1个
做　法：1.金橘洗净对切后榨汁备用。
2.锅中烧滚水500毫升，将酸梅、金橘、茶包放入，5分钟后取出茶包即成。

热量(kcal)	糖类(g)	蛋白质(g)	脂肪(g)	膳食纤维(g)
40	10	1	0	2

鲜金橘汁

懒人指数：★★★★★
减肥指数：★★★★★
烹饪难度：★★☆☆☆
材　料：金橘200克、柠檬1/2个、酸梅1颗
做　法：1.金橘洗净对切后榨汁备用，柠檬榨汁备用。
2.锅中烧滚水200毫升，将酸梅、柠檬汁、金橘汁倒入，静置5分钟后即成。

热量(kcal)	糖类(g)	蛋白质(g)	脂肪(g)	膳食纤维(g)
45	12	1	0	2

鲜金橘汁

脂肪吸收，STOP!

水梨
Pear

水梨含有丰富的水分、果糖、葡萄糖、苹果酸、柠檬酸、钾等多种营养素，每100克水梨果肉含有88.8％水分，热量40千卡，10.1克糖类，5毫克维生素C，110毫克的钾，膳食纤维是白米的8倍，可以降低肠道中脂肪的吸收，促进脂肪排泄，清除血脂。

水梨属于低胰岛素减肥食物之一，可以降低胰岛素的分泌，避免造成低血糖而狂吃，延长饱足感，还可以减少体脂肪的囤积，达到减肥功效。水梨也是碱性食物之一，可以调整偏酸性的肉食者体质，并有利尿、止咳润喉的作用，当喉咙不舒服、声音沙哑可以服用冰糖蒸水梨，具有很好的治疗效果。

水梨果菜汁

懒人指数：★★★★☆　　减肥指数：★★★★★　　烹饪难度：★★☆☆☆

材　料：水梨200克、紫圆白菜100克、冷开水200毫升

做　法：1.水梨洗净去皮去籽切小块；紫圆白菜洗净切丝备用。
2.将水梨、紫圆白菜及水倒入果汁机打匀即成。

热量(kcal)	糖类(g)	蛋白质(g)	脂肪(g)	膳食纤维(g)
104	26	2	1	5

丰胸瘦身双效合一

木瓜
Papaya

每100克的木瓜果肉含有85％的水分，52千卡热量，13.4克的糖类，40.7单位的维生素A，0.41毫克的维生素B_2，74毫克的维生素C，220毫克的钾，12毫克的镁。

木瓜也含有丰富的膳食纤维，是白米的8～9倍，具有降低血脂、降血糖、改善便秘的功效。高量的维生素C，是柠檬的2.7倍，葡萄柚的2倍，能减少体脂肪的阻抗 ，加快减肥速度。而高量的维生素A，也可以减少体重增加和脂肪的囤积。此外木瓜也是低胰岛素减肥食物之一，可以降低胰岛素的分泌，延长饱足感，抑制体脂肪的合成，降低体重。

木瓜牛奶

懒人指数：★★★★☆　　减肥指数：★★★★★　　烹饪难度：★★☆☆☆

材　料：木瓜果肉100克、低脂鲜奶100毫升、开水200毫升

做　法：1.木瓜果肉切小块备用。

2.加入开水、低脂鲜奶打匀成汁即成。

热量(kcal)	糖类(g)	蛋白质(g)	脂肪(g)	膳食纤维(g)
100	19	4	2	2

素食者最爱的清凉点心

石莲花
Houseleek

石莲花为多年生草本植物，属于景天科石莲花属。性凉味甘，营养成分相当高，富含膳食纤维，以及多种矿物质如磷、钙、钾、钠、镁等，也是维生素C、维生素B_1、维生素B_2、维生素B_6、叶酸、烟碱酸、β胡萝卜素及其他微量元素的来源，在许多中医书籍中对于其功效多有记载。研究发现石莲花具有活化细胞、防止肝硬化、降血压、血糖及高尿酸、预防血栓、治疗痛风、软化血管、抗发炎、抗菌及抗病毒等功能。此外发现石莲花含有丰富的总酚化合物、总类黄酮，具有绝佳的抗氧化功效，不但热量低，还能消除脂质自由基，适合当作减肥中的食材。石莲花虽然口感微酸，但却是纯碱性食品，对于餐餐大鱼大肉的人来说，是平衡身体酸碱值的最佳蔬果。

石莲花蜜汁

懒人指数：★★★★★　　减肥指数：★★★★★　　烹饪难度：★★☆☆☆

材　料：石莲花100克、蜂蜜1小匙、开水400毫升

做　法：1.石莲花洗净切块备用。

2.将石莲花放入果汁机，连同开水打匀入蜂蜜调味即成。

热量(kcal)	糖类(g)	蛋白质(g)	脂肪(g)	膳食纤维(g)
41	9	3	0	3

石莲花蜜汁

人气急升的青梅精

青梅

Prune

梅子的含糖量低，酸度高，含多量的矿物质、有机酸、氨基酸，是促进人体新陈代谢之最佳圣品。每100克中含有热量47千卡、蛋白质1.2克、糖类10.3克、脂质0.7、铁0.4毫克、钙9毫克、磷26毫克、纤维素2.4克。能改善体质，使血液成为健康的微碱性，并改善肠胃功能与促进吸收。梅子中丰富的氨基酸及抗氧化成分，能减少环境中有害物质的侵害，并帮助排除体内之不良毒素。因为口味较酸，所以多半是加工腌制成各种梅子系列产品，腌制成的梅子还可以入菜，或作为零食食用。

脆梅拌鸡胗

懒人指数：★★☆☆☆　减肥指数：★★★★☆　烹饪难度：★★★☆☆

材　料：青梅100克、鸡胗40克、小黄瓜100克

调味料：白醋1大匙、盐1/2小匙、糖1/2小匙、麻油1小匙

做　法：1.小黄瓜洗净切段后拍碎，加盐腌10分钟后，略冲水备用。

2.鸡胗洗净汆烫后切片备用，青梅切片备用。

3.将鸡胗、脆梅与蒜末、麻油、糖拌匀即成。

热量(kcal)	糖类(g)	蛋白质(g)	脂肪(g)	膳食纤维(g)
163	10	7	15	3

水果中的钻石

樱桃

Cherry

樱桃具有抗氧化、抗发炎、延缓衰老、预防动脉硬化、防癌等功效。每100克的樱桃果肉含有80％水分，71千卡热量，1.2单位的维生素A，12毫克的维生素C，220毫克的钾。樱桃膳食纤维是白米的7倍，可以减少脂肪吸收。

樱桃属于低胰岛素减肥食物之一，可以降低胰岛素的分泌，延长饱足感，减少体脂肪的合成。樱桃也是碱性食物的一种，可以调整偏酸的肉食者体质，恢复正常新陈代谢速度，促进排泄，改善便秘。此外长期食用樱桃，可以降低尿酸，预防和改善痛风。

樱桃含有丰富的花青素，提高抗氧化力，消除脂质自由基。研究发现多吃花青素还具有减肥功效，因为可以减少肝脏与脂肪组织中的脂肪合成，是一种最新的减肥营养素。花青素还具有抗发炎作用，可以改善和预防心血管疾病。切记减肥者要选择新鲜的樱桃，不要食用罐头樱桃，因为后者所含的甜度和热量都太高，反而会变胖。

樱桃高C汁

懒人指数：★★★★☆　　减肥指数：★★★★☆　　烹饪难度：★★☆☆☆

材　料：樱桃100克（约10个）、柠檬1个、开水200毫升

做　法：1.樱桃洗净后去籽；柠檬洗净后去皮切块备用。

2.将樱桃及柠檬倒入果汁机中，加入开水打匀即成。

热量(kcal)	糖类(g)	蛋白质(g)	脂肪(g)	膳食纤维(g)
103	26	21	1	3

奇异果

Kiwi Fruit

奇异果外表毛茸茸，果肉有绿色和金黄色，吃起来酸酸甜甜的，深受大众喜爱，奇异果虽然长得不起眼，可是营养丰富，每100克的奇异果果肉含有85％的水分，53千卡热量，12.8克的糖类，16.7单位的维生素A，87毫克的维生素C，290毫克的钾，26毫克的钙质。

尤其奇异果的维生素C含量很惊人，是柠檬的3倍，柳橙的2倍，维生素C能减少体脂肪的阻抗 ，加快减肥速度，还具有美容功效，促进胶原蛋白合成，抗老防皱等其他功效。奇异果可以帮助人体内部血清促进素值的提高，消除紧张压力，减轻疲劳，让人心情愉快。常吃还有增强免疫，预防感冒的作用。

奇异果也是低胰岛素减肥食物之一，可以降低胰岛素的分泌，超高量的膳食纤维，是白米的12倍，不但可以促进胃肠蠕动，也可以增加饱足感，降低血脂，加快体重减少。

奇异果汁

懒人指数：★★★★☆　　减肥指数：★★★★★　　烹饪难度：★☆☆☆☆

材　料：奇异果200克(约1个)、开水200毫升

做　法：1.奇异果洗净后用大匙取出果肉备用。

2.将奇异果果肉放入果汁机中，加开水打匀即成。

热量(kcal)	糖类(g)	蛋白质(g)	脂肪(g)	膳食纤维(g)
106	26	2	1	5

奇异果汁

酸甘甜的小星星

杨桃
Star Fruit

杨桃又称为五敛子，果椭表面有5条突起的棱脊，横切时果实呈现星状，所以英文叫做“星星水果”。果肉颜色为绿色或黄绿色，肉质含有丰富的水分，味道有时甜或微酸。杨桃是具疗效的水果，具有利尿、消除胀气等功效。

每100克杨桃果肉含有90%水分，35千卡热量，26毫克的维生素C，100毫克的钾。因为体积大，热量低，和番茄都是减肥期间的最佳零食。杨桃维生素C含量高，有助于降低当餐食物的升糖指数，消除体脂肪阻抗，促进减肥进行。

杨桃含有丰富的草酸，不适合有肾脏结石的人食用。此外罹患慢性肾衰竭和洗肾的病人，千万不能食用杨桃，因为杨桃对于肾脏衰竭的病人是一种沉重的负担，会引起神经毒性，发生抽搐、痉挛等严重症状。

杨桃酸梅饮

懒人指数：★★★★☆
减肥指数：★★★★★
烹饪难度：★☆☆☆☆
材　料：杨桃200克、无籽冰心话梅10克、开水200毫升
做　法：1.无籽冰心话梅加开水泡5分钟备用。
2.杨桃去芯后切小块，连同梅子水放入果汁机中打匀即成。

热量(kcal)	糖类(g)	蛋白质(g)	脂肪(g)	膳食纤维(g)
92	21	2	1	2

杨桃番茄汤

懒人指数：★★★★☆
减肥指数：★★★★★
烹饪难度：★★☆☆☆
材　料：杨桃200克、大番茄100克
调味料：胡椒盐少许
做　法：1.杨桃洗净横切成星状薄片；番茄洗净切小丁备用。
2.汤锅中加水600毫升及番茄煮滚，放入杨桃焖煮2分钟，以胡椒盐调味即成。

热量(kcal)	糖类(g)	蛋白质(g)	脂肪(g)	膳食纤维(g)
96	23	3	1	3

200卡就让你饱到不行

芭乐
Guava

芭乐又称为“番石榴”，是碱性食物，可以调整肥胖者的偏酸性体质，恢复正常新陈代谢。芭乐中含有丰富的多酚物质具有很强的抗氧化效果，还有消除脂质自由基，预防老化等功效。芭乐含有多种营养素，每100克的芭乐果肉含有89%的水分，38千卡热量，9.7克的糖类，15单位的维生素A，81毫克的维生素C，150毫克的钾。

芭乐高纤低热量的特性，可以减少脂肪吸收，降低血脂，达到减轻体重的作用。芭乐含有超丰富的维生素C，是柳橙的2倍，柠檬的3倍，葡萄的18倍，可以补充丰富的维生素C，还能降低当餐的升糖指数，减少胰岛素分泌，降低脂肪合成，还能消除体脂肪的阻抗，加快减肥速度。

芭乐因为果肉很硬脆，需要咀嚼很久，所以容易有饱足的感觉，若是食用芭乐取代晚餐的淀粉类，可以减少卡路里的摄取，又能补充足够的营养来维持身体活动，因此是减肥中最佳的明星水果。

芭乐苦瓜汁

懒人指数：★★★★☆
减肥指数：★★★★☆
烹饪难度：★★☆☆☆
材　料：芭乐200克、苦瓜100克、开水200毫升
做　法：1.芭乐、苦瓜洗净去籽切小块备用。
2.将芭乐与苦瓜放入果汁机，加开水打匀即成。

热量(kcal)	糖类(g)	蛋白质(g)	脂肪(g)	膳食纤维(g)
94	23	2	0	8

芭乐番茄汁

懒人指数：★★★★☆
减肥指数：★★★★☆
烹饪难度：★☆☆☆☆
材　料：芭乐200克、大番茄100克、开水200毫升
做　法：1.芭乐、番茄洗净去籽切小块备用。
2.将芭乐、番茄放入果汁机，加开水打匀即成。

热量(kcal)	糖类(g)	蛋白质(g)	脂肪(g)	膳食纤维(g)
102	25	3	0	7

果肉让果汁更营养

柳橙

Orange

柳橙属于低胰岛素减肥食物之一，可以降低胰岛素的分泌，避免造成低血糖而狂吃，延长饱足感，还可以减少体脂肪的囤积，达到减肥功效。不过要注意的是，柳橙一定要连果肉、纤维一起食用，才具有减肥特性，因为如果只是喝过滤后的柳橙汁，反而热量太高，容易变胖。

每100毫克的柳橙果肉含有88％的水分，43千卡的热量，38毫克的维生素C，120毫克的钾，膳食纤维是白米的11～12倍。进口的橙子热量较高有58千卡，维生素C含量也较多有92毫克，膳食纤维是白米的15倍。补充足量的维生素C，会降低体脂肪的阻抗，促进减肥作用，还能降低当餐的升糖指数，降低脂肪的合成。

柳橙也属于碱性食物，可以调整偏酸性的肉食者体质。柳橙皮含有高量的类黄酮，具有很强的抗氧化力，可增强免疫力，在食用柳橙时，最好能将靠近外皮的白色肉质部分一起食用，更能降低脂质自由基，达到减肥功效。

柳橙水果拼盘

懒人指数：★★★★☆　　减肥指数：★★★★★　　烹饪难度：★★★☆☆

材　料：柳橙200克（约1个）、奇异果1/2个、小番茄50克、美生菜100克

调味料：苹果醋1大匙

做　法：1.柳橙洗净去皮切片，小番茄洗净剖半，奇异果去皮切片，美生菜洗净切片备用。

2.将所有材料依序铺到盘中，淋上苹果醋即成。

热量(kcal)	糖类(g)	蛋白质(g)	脂肪(g)	膳食纤维(g)
111	25	3	1	6

柳橙
水果拼盘

要瘦更要美

Beauty Plus

瘦身过程中总会连带出现许多意想不到的麻烦——
便秘、疲倦 、容易累，想吃东西又爱生气……，
更糟糕的是：胸部缩水，脸色憔悴！
因为食量锐减与饮食型态突然改变，身体一下子无法适应
而导致的一大堆副作用，真让人对减肥计划的信心瞬间动摇！
要瘦得快也要瘦得美，以下介绍的几种有特别的功效食材，
能帮你把瘦身过程中的副作用降到最低，
瘦得迅速又漂亮！

想要瘦得水嫩漂亮，这样吃就对啦！

1.瘦身不瘦胸：青木瓜、酪梨、酒酿

瘦身过程中因为减去体脂肪的关系，会连同胸部的脂肪一起消耗掉，除了要按摩胸部，多摄取奶类、高蛋白质食物外，不妨借助丰胸食物，来帮助胸型的维持。

2.自然好气色：黑糯米、葡萄、红枣

因为热量摄取减少，难免气色不佳，面容憔悴。这段期间切忌通宵玩乐，因为熬夜不但是皮肤和气色的杀手，也会让新陈代谢减缓。除了补充睡眠之外，更可以借助补血食材，帮你恢复红润好脸色。

3.抑制暴食欲：醋、柠檬、绿茶

平常不减肥时不会特别想吃，奇怪的是只要一开始减肥，就会超想要吃东西，总觉得吃不饱。减肥容易失败的原因之一，就是无法克制想吃的欲望。研究指出食物的升糖指数越高，胰岛素的产生量也越高，会让人陷入想要大吃大喝的饮食风暴中，因此在餐前先食用一些能降低升糖指数的食物，有助于增加饱足感，降低想大吃东西的欲望。

4.代谢冲冲冲：大蒜、姜、辣椒

减肥中因为热量和体重减少的缘故，会使得我们的基础代谢率跟着降低。基础代谢率负责消耗身体50%~70%的热量，影响减肥效果也最大，因此这是为何有人减重到一定程度，会出现停滞期，很难再继续减下去的缘故。提高基础代谢率，最好的方法是每天运动，因为运动能使体温升高，让基础代谢率上升。当然除了运动之外，多吃些会让身体暖和的食物，也是个不错的好方法。

5.排便顺顺顺：芦荟、决明子、山粉圆

吃的量减少了，肠胃的消化自然也就减缓，所以便便就留在身体里出不来啦！
这也是很多人在减重计划一开始时出现便秘的原因。改善便秘的方法除了多摄取膳食纤维，还必须维持肠道黏膜的湿度，让粪便能顺利排出，不会因为干硬而积在肚子里，这三种食材都能让肠道滑顺通畅，帮你每天把身体的垃圾清光光！

催乳丰胸第一名

青木瓜
Green Papaya

每100克的青木瓜果肉含有85%的水分，30千卡热量，独特的蛋白分解酶，能避免热量囤积，帮助消耗脂肪。青木瓜自古就是催乳丰胸的食物，比熟木瓜更丰富的木瓜酶对乳腺发育很有助益，而木瓜酶加上多种维生素，能刺激女性荷尔蒙分泌，使乳腺畅通，达到丰胸的目的。至于哪些明星曾采用青木瓜丰胸法，据说林熙蕾、徐怀钰、杨丞琳都是以这个小偏方丰胸喔。

鲜奶青木瓜汁

懒人指数：★★★★☆
减肥指数：★★★★★
烹饪难度：★★☆☆☆
材　料：青木瓜果肉100克（约半个）、低脂鲜奶120毫升、冷开水100毫升
做　法：1.青木瓜去皮去籽后切小块备用。
2.将木瓜肉放入果汁机中，加入低脂鲜奶及开水一起打匀即成。

热量(kcal)	糖类(g)	蛋白质(g)	脂肪(g)	膳食纤维(g)
100	19	4	2	2

鲜奶
青木瓜汁

“金氏记录”中最营养的水果

酪梨
Avocado

酪梨又称作“鳄梨”或“奶油果”，营养价值高，每100克的酪梨果肉含有84%水分，58千卡热量，0.7克脂肪，1.1克蛋白质，13.5克糖类，64.2单位的维生素A，1.3毫克的烟碱素，12毫克的维生素C，15毫克的镁。酪梨尖端含有丰富的酪梨油，香滑的口感类似核桃。

酪梨是常用的丰胸食材第二名，女星萧蔷就经常饮用酪梨汁，达到傲人的丰胸效果。而酪梨牛奶中丰富的高蛋白质，加上酪梨中的必需脂肪酸，都能协助建造胸部组织。而酪梨中的酪梨油和维生素A，能维持女性荷尔蒙分泌；维生素C则可促进胶原蛋白形成，维持胸部弹性，防止胸部下垂。

酪梨牛奶

懒人指数：★★★★☆
减肥指数：★★★★★
烹饪难度：★★☆☆☆
材　料：酪梨100克、低脂鲜奶120毫升、冷开水100毫升
做　法：1.酪梨去皮去籽后切小块备用。
2.将酪梨肉放入果汁机中，加入低脂鲜奶及开水一起打匀即成。

热量(kcal)	糖类(g)	蛋白质(g)	脂肪(g)	膳食纤维(g)
100	19	4	2	2

皇帝长生的秘密

黑糯米
Black Rice

黑糯米俗称紫米，在早期是进贡用的上等米。之所以呈现紫黑色，是因为它含有丰富的花青素。花青素不但是绝佳的抗氧化营养素，还具有减肥功效，可以减少肝脏与脂肪组织中的脂肪合成，而且花青素的抗发炎作用，可以改善和预防心血管疾病。

黑糯米不含胆固醇，纤维质是白米的14倍，容易饱足，减少热量摄取，促进减肥功效。黑糯米的维生素、矿物质含量超高，如：维生素E、维生素B_1、维生素B_6都有比白米多出5～10倍的含量，常吃黑糯米，可以改善循环，增强热量代谢，并有改善贫血的绝佳功效。

白木耳紫米粥

懒人指数：★★★★☆
减肥指数：★★★★★
烹饪难度：★★☆☆☆
材　料：黑糯米20克、白木耳（干）20克、红枣3颗
做　法：1.黑糯米洗净泡水、白木耳以温水泡开、红枣洗净备用。
2.锅中加水800毫升，放入黑糯米，水滚后转小火再焖煮30分钟至熟烂。
3.将白木耳、红枣加入锅中，再以小火煮5分钟即成。

热量(kcal)	糖类(g)	蛋白质(g)	脂肪(g)	膳食纤维(g)
106	22	3	1	7

※营养师的叮咛：
黑糯米不易煮烂，可以先用水浸泡一晚。

酒酿

Fermented Rice

酒酿是用蒸熟的糯米加酒曲发酵做成的，性甘微寒，可以改善血液循环，不只能够丰胸，也具有增加免疫力、美容等功效。酒酿的热量不低，所以要把握生理期间服用，那才是丰胸效果最佳的好时机喔！

酒酿蛋

懒人指数：★★★★☆
减肥指数：★★★★☆
烹饪难度：★★★☆☆
材　料：酒酿一大勺、鸡蛋一个
做　法：1.鸡蛋去壳打散备用。
2.锅中烧水200毫升，加入酒酿煮滚后，打入蛋花即成。

热量(kcal)	糖类(g)	蛋白质(g)	脂肪(g)	膳食纤维(g)
145	15	7	5	4

白里透红轻而易举

葡萄

Grape

葡萄含有丰富的葡萄糖、酒石酸、苹果酸、枸橼酸、果胶、维生素、矿物质，是营养价值极高的食物。每100克的葡萄果肉含有84%水分，57千卡的热量，4毫克的维生素C，膳食纤维是白米的3倍。葡萄也是低胰岛素的食物之一，可以降低胰岛素的分泌，延长饱足感，抑制体脂肪的合成，加速减肥作用。

通常吃葡萄都会去皮去籽，但研究发现葡萄籽中含有丰富的原花青素（OPC），具有很强的抗氧化效果，其抗氧化能力远超过维生素C及维生素E，而且容易被人体吸收利用，此外原花青素还具有抗老化、美白、除皱的功效，所以葡萄最好连籽一起吃。葡萄中含有的多酚类、白藜芦醇，具有降低血脂保护心血管的功效，还有丰富的鞣酸可以抗癌；另外葡萄的硼可以帮助女性维持雌激素的正常分泌，是很适合女性的减肥和美容食品。

葡萄抗氧化果汁

懒人指数：★★★★☆
减肥指数：★★★★★
烹饪难度：★★☆☆☆
材　料：葡萄100克（约13个）、小黄瓜100克、开水200毫升
做　法：1.小黄瓜洗净切片，葡萄洗净去蒂备用。
2.将葡萄、小黄瓜放入果汁机中，再加入开水打匀即成。

热量(kcal)	糖类(g)	蛋白质(g)	脂肪(g)	膳食纤维(g)
74	18	2	0	2

红枣

Chinese date

红枣味甘性温，补中益气，具有活血的功效，可以改善面色苍白和手脚冰冷，让人不化妆就有好气色。红枣含有蛋白质、糖类、有机酸、维生素A、维生素C、微量钙及多种氨基酸，能让血液循环更顺畅，而且价格不高，取得又容易。近来研究更发现红枣具有保护肝脏的作用，除了养血安神，对于生活在高度污染环境的都市人来说，更是最棒的排毒养生食材。

枸杞红枣茶

懒人指数：★★★★★
减肥指数：★★★★★
烹饪难度：★☆☆☆☆
材　料：枸杞5克、红枣3个、滚水200毫升
做　法：1.红枣洗净后划数刀备用。
2.将红枣连同枸杞，用滚水冲泡，略凉后饮用即可。

热量(kcal)	糖类(g)	蛋白质(g)	脂肪(g)	膳食纤维(g)
36	8	1	0	1

枸杞红枣茶

美女通通爱吃醋

醋
Vinegar

醋在口感上虽是酸性，进入人体却会转化为碱性，能调整血液的酸碱值。而在2005年9月的欧洲临床营养期刊中指出，醋中含有的醋酸能够降低餐后的胰岛素分泌，提高较持久的饱足感，减少想吃东西的欲望。2003年6月的欧洲临床营养期刊中更进一步指出，醋能够降低白米的升糖指数20%～40%。因此若是能在用餐前喝一杯醋，就能够解决一直想吃东西和老是觉得吃不饱的问题。

苹果醋汁

懒人指数：★★★★☆
减肥指数：★★★★☆
烹饪难度：★★☆☆☆
材　料：苹果醋1大匙、冷开水500毫升、冰块200克
做　法：1.取一杯冰块，倒入苹果醋。
2.再倒入水稀释搅匀即成。

热量(kcal)	糖类(g)	蛋白质(g)	脂肪(g)	膳食纤维(g)
15	4	0	0	0

叫我美颜天后

柠檬
Lemon

柠檬是一种营养和美容价值都极高的水果。每100克的柠檬果肉含有32千卡，7.5毫克的糖类，0.12毫克烟碱素，27毫克维生素C，120毫克的钾，33毫克的钙和91％的水分。

柠檬之所以比其他柑橘类更酸、更苦，是因为其中有机酸的含量高达6.4%，比橘子、柳橙等高出十几倍。柠檬中的有机酸以柠檬酸为主，能促进热量代谢。柠檬也是低胰岛素减肥食物之一，可以借助降低血中胰岛素分泌，进而减少脂肪合成，达到减肥功效。对于肠胃不好的人，因为刺激过大，不适合采用柠檬减肥法。

柠檬的口感虽然酸，但被身体分解后却会留下钾、钙、钠、镁等矿物质，反而呈现碱性反应，属于碱性食物，每天饮用，可以调整因为食用肉类过量的酸性体质，改善肥胖问题。柠檬含有柠檬多酚，已证实有防止肠道过度吸收脂肪的功能，降低血脂，消除脂质自由基，使血流顺畅，让脂肪不易囤积。

蜂蜜柠檬

懒人指数：★★★★☆
减肥指数：★★★★★
烹饪难度：★★☆☆☆
材　料：柠檬1颗、蜂蜜1大匙
做　法：1.柠檬洗净后切薄片备用。
2.将柠檬片铺于碗底，淋上蜂蜜，腌制一晚即可食用。

热量(kcal)	糖类(g)	蛋白质(g)	脂肪(g)	膳食纤维(g)
63	16	0	0	1

绿茶多酚让你一身轻

绿茶粉

Green tea

儿茶素（EGCG）和绿茶多酚在减肥中具有重要的功效，各种茶叶中以绿茶所含的最高，而一般人常喝乌龙茶或红茶等发酵过的茶儿茶素很少，约为绿茶的1/10。在减肥的相关研究中发现儿茶素可以减少肠道吸收能力，降低食欲，还可以促进脂肪氧化，增加脂肪的消除，达到减肥功效。

绿茶多多

懒人指数：★★★★★　　减肥指数：★★★★★　　烹饪难度：★★☆☆☆

材　料：绿茶粉1大匙、养乐多100毫升

做　法：1.将绿茶粉用2小匙温水略调开备用。

2.加入养乐多搅拌均匀即成。

3.可依个人喜好加入适量冰块。

热量(kcal)	糖类(g)	蛋白质(g)	脂肪(g)	膳食纤维(g)
68	16.3	1.1	0	0

绿茶
多多

大蒜

Garlic

大蒜含有丰富的大蒜素与槲皮黄酮，具有抗菌、抗氧化等功效，大蒜中并含有含硫化合物，对预防及治疗高脂血症具有保护效果。研究发现大蒜可促进生长发育；长期食用大蒜更可减少肝脏脂肪的堆积，并促进粪便中胆酸和胆固醇的排出。大蒜有助于预防脂肪肝、动脉粥状硬化、血栓之发生，大蒜不像柠檬或姜那么刺激，长期食用不伤胃，对于肠道黏膜不会造成伤害，还具有降血脂与抗氧化的功效。

香菇蒜头鸡汤

懒人指数：★★★★☆
减肥指数：★★★★☆
烹饪难度：★★☆☆☆
材　料：鸡腿肉100克、干香菇2朵、大蒜50克
做　法：1.蒜头去皮拍碎，干香菇泡软对切备用。鸡腿肉切小块备用。
2.汤锅中加入1升的水煮滚后，转小火加入鸡肉、香菇、大蒜熬煮30分钟，最后加盐调味即可。

热量(kcal)	糖类(g)	蛋白质(g)	脂肪(g)	膳食纤维(g)
128	7	11	8	4

姜

Ginger

姜具有促进血液循环的功效，可提高体温，帮助排汗，增加新陈代谢，消除体内液体的阻滞等功效。同时可以暖和器官，改善手脚冰冷及末梢血管循环不良的问题。姜中含有的芳香油及茎肉质内的油性树脂等特殊成分，可以暖和身体，促进循环，排除废物。此外姜含有抑制血小板凝结的物质，能够减低血液的黏稠度，保持血液循环畅通，泡澡时若加入一些姜片也能达到促进淋巴和血液循环的功效。

姜母茶

懒人指数：★★★★★
减肥指数：★★★★★
烹饪难度：★★☆☆☆
材　料：老姜片100克、黑糖粉1小匙
做　法：1.老姜片加入滚水500毫升，熬煮20分钟。
2.熄火前加入黑糖调味即成。

热量(kcal)	糖类(g)	蛋白质(g)	脂肪(g)	膳食纤维(g)
39	8	0	0	1

辣椒

Chili

辣椒含有丰富的辣椒素（Capsaicin），又称唐辛子，常常被拿来当作瘦身霜的主要成分之一，因为辣椒素具有促进血液循环，消除水肿，促进排汗的功效。日本认为吃辣椒能够帮助燃烧体内的脂肪。辣椒含有辣椒素，能令肾上腺素分泌增加，加速新陈代谢，达到减肥、降低体脂肪的效果。不过要注意的是辣椒属于刺激性食物，因此辣椒减肥法不适合肠胃炎的人。

辣椒芽菜

懒人指数：★★★★★　　减肥指数：★★★★★　　烹饪难度：★★☆☆☆

材　料：黄豆芽200克、辣椒粉5克、葱末少许、辣椒丝少许

做　法：1.将黄豆芽洗净烫熟后，捞起沥干水分备用。

2.拌上辣椒粉，撒上辣椒丝及葱末即成。

热量(kcal)	糖类(g)	蛋白质(g)	脂肪(g)	膳食纤维(g)
68	11	2	5	4

辣椒
芽菜

肠道动起来！

决明子
Cassiae Semen

决明子为豆科一年生草本植物决明*Cassia tora* L.的干燥成熟种子，含有大黄酸、大黄素、大黄酚、黏液 、蛋白质、脂肪、胡萝卜素等多种成分，具有降低胆固醇和血脂的功效，还能改善习惯性便秘，改善大便燥结，效果良好。

决明子茶

懒人指数：★★★★★
减肥指数：★★★★★
烹饪难度：★☆☆☆☆
材　料：决明子1大匙、热开水500毫升
做　法：热开水加入决明子1大匙浸泡10分钟后即可饮用。

热量(kcal)	糖类(g)	蛋白质(g)	脂肪(g)	膳食纤维(g)
0	0	0	0	0

美丽也要内外兼修

芦荟
Aloe

芦荟当选为最低热量食物的第一名。100克的芦荟只有4千卡的热量，比白米的热量少了349千卡，完全不含胆固醇，含有的99％的水分以及丰富的纤维质、烟碱素、维生素B_6、维生素C、多种矿物质，其中纤维质含量是白米的7倍，钙质的含量是白米的6倍。研究发现芦荟含有 5 种酶及近20种氨基酸，可帮助生理重要物质合成及作用。

芦荟的叶片果肉具有降低血液、肝肾中的胆固醇、三酸甘油酯、游离脂肪酸，芦荟具有轻泻作用，可刺激肠胃蠕动，改善便秘以及维持肠道内益菌丛生长。芦荟含有比灵芝还丰富的锗元素，可以增加新陈代谢，消除脂质自由基，延缓细胞衰老。从芦荟的叶片果肉中可以萃取出多酚类、芦荟素，具有超强的抗氧力，消除人体过多的脂质自由基。芦荟其他功效还有降血糖、抗菌、消炎、促进伤口愈合、美白、改善消化性溃疡等功效。

芦荟蜂蜜汁

懒人指数：★★★★★
减肥指数：★★★★★
烹饪难度：★★☆☆☆
材　料：芦荟100克、蜂蜜2小匙、冷开水250毫升
做　法：1.将新鲜芦荟叶片洗净，划开叶片取出新鲜果肉后，切小丁备用。
2.将芦荟果肉加入蜂蜜、冷开水搅拌一下即可饮用。

热量(kcal)	糖类(g)	蛋白质(g)	脂肪(g)	膳食纤维(g)
36	8.4	0.1	0.4	1.4

※营养师的叮咛：

在芦荟汁的制作过程中一定要记得把皮去掉，因为芦荟皮中的大黄素会伤害肠胃，产生腹泻现象。若是容易拉肚子的人，建议不要服用过量的芦荟。芦荟不可与一种麻醉药（sevoflurane）同时使用，会造成大量出血的危险性。

来自林间的野生甜点

山粉圆
Hyptis Suaveolens

山粉圆俗称“青蛙蛋”，含有超丰富的胶质、膳食纤维和钙质，它的钙质含量可以媲美鲜奶。每10克的山粉圆含有40千卡热量，膳食纤维5.8克，钙质107.3毫克，因为山粉圆具有吸水膨胀的特性，可以促进肠胃蠕动，增加排便感，解决宿便问题。

山粉圆柠檬饮

懒人指数：★★★★★　减肥指数：★★★★★　烹饪难度：★★☆☆☆

材　料：山粉圆2克、热开水500毫升、柠檬1/2个、蜂蜜1小匙

做　法：1.以热开水加入山粉圆泡开至呈现透明颗粒状备用。
2.将山粉圆加入柠檬、蜂蜜，拌匀即成。

热量(kcal)	糖类(g)	蛋白质(g)	脂肪(g)	膳食纤维(g)
40	9	1	0	2

山粉圆柠檬饮

附录一

解读你的BMI

身体质量指数（BMI）

标准曲线就是你的身体质量指数在18.5~23.9，喜欢拥有“骨感曲线”的人，可以把你的体重设定在BMI=18.5～19.59。喜欢“苗条曲线”的人，可以把你的体重设定在BMI=19.6～20.9。喜欢“丰满曲线”的人，可以把你的体重设定在BMI=21～23.9。BMI的计算公式如下，是利用你的体重除以2次身高，记得身高的单位是米喔！（想要快速知道自己的标准曲线是多少的人，可以先看下页的对照表。）

身高(厘米)	体重(千克)			过重	肥胖
	标准曲线				
	骨感曲线	苗条曲线	丰满曲线		
150	42～44	44～47	47～54	>54	>61
151	42～45	45～48	48～54	>55	>62
152	43～45	45～48	49～55	>55	>62
153	43～46	46～49	49～56	>56	>63
154	44～46	46～50	50～57	>57	>64
155	44～47	47～50	50～57	>58	>65
156	45～48	48～51	51～58	>58	>66
157	46～48	48～52	52～59	>59	>67
158	46～49	49～52	52～60	>60	>67
159	47～50	50～53	53～60	>61	>68
160	47～50	50～54	54～61	>61	>69
161	48～51	51～54	54～62	>62	>70
162	49～51	51～55	55～63	>63	>71
163	49～52	52～56	56～64	>64	>72
164	50～53	53～56	56～64	>65	>73
165	50～53	53～57	57～65	>65	>74
166	51～54	54～58	58～66	>66	>74
167	52～55	55～58	59～67	>67	>75
168	52～55	55～59	59～67	>68	>76
169	53～56	56～60	60～68	>69	>77
170	53～57	57～60	61～68	>69	>78

每天测量体重和体脂肪，帮助改造身体

每天固定一个时间测量体重，能够帮助自己观测自己身体的变化，不过并不需要同一天测量多次，随着体重增减造成心情起落，因为那只是食物重量和水分的变化。正确测量体重和体脂肪的方法是一天一次，最好在早上空腹时，为避免误差，最好固定同一套衣服或是不穿衣服测量，才会准确。借助了解体重和体脂肪的变化，不但能够欣赏自己的减肥成效，还有助于自行检讨饮食的问题，若是发现体重和体脂肪都无法下降时，可能是自己食物违规或是新陈代谢率下降，需要靠自己更加小心或是采取能够提高新陈代谢率的方法。

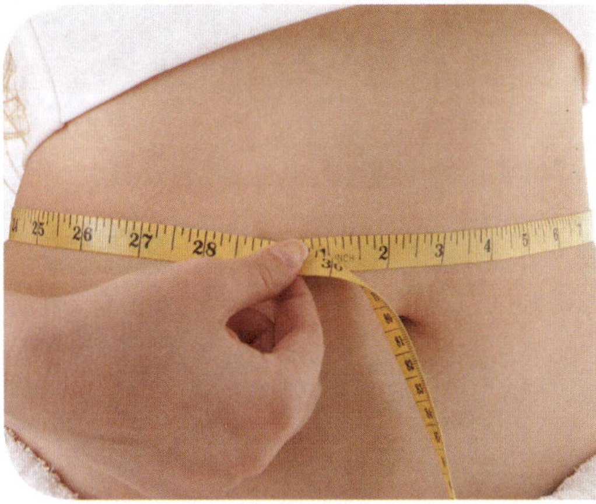

一般而言，测量体脂肪可以购买具有测量体脂肪的体重机，在屈臣氏、康是美、医疗器材行都可以购买到，价格在1 800～1 900元，它是利用生物电阻原理，分析得知体脂肪在身体中的比率，测量时要脱袜，尽量避免在运动后测量，因为水分大量流失时，测出来的体脂肪会偏高。另一种手握式的体脂计虽然比较简易方便，但是缺点是难以侦测下半身的体脂肪，准确性较低。

年龄	体脂肪标准比例	
	男性	女性
30岁以下	14%～20%	17%～24%
30岁以上	17%～23%	20%～27%

附录二

每日1 000千卡的一周减肥食谱

星期一 Monday 总热量909千卡

早餐

草莓燕麦牛奶粥 P.15
苹果一个

午餐

番茄意大利面 P.22
蚝油玉米笋 P.62

晚餐

丝瓜蛤蜊汤 P.102
莴苣沙拉P.82
金橘梅子茶 P.124

星期二 Tuesday 总热量1 057千卡

早餐

小米滑蛋牛肉粥 P.14

午餐

菇豆薏仁饭 P.24
蒜蓉菠菜 P.66

晚餐

山药香菇鸡汤 P.21
草莓果冻P.106

星期三 Wednesday 总热量909千卡

早餐

全麦低脂三明治 P.16
低脂鲜奶一杯

午餐

糙米饭一碗
低卡可乐卤牛腱 P.32
银芽海带丝 P.84

晚餐

芦笋紫菜卷 P.88
莲藕肉丝汤P.26
西瓜冰沙 P.108

星期四 Thursday 总热量918千卡

早餐
健康南瓜汤 P.20
低脂鲜奶一杯

午餐
糙米饭一碗
胡椒虾 P.40
酱烧蜜冬瓜 P.56

晚餐
金针菇鸡丝汤 P.61
紫甘蓝草莓酸奶沙拉P.78
蜂蜜苹果绿茶 P.120

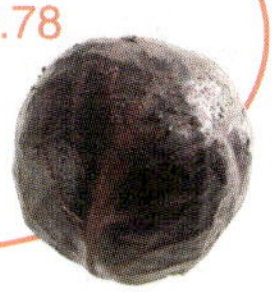

星期五 Friday 总热量919千卡

早餐
水蜜桃牛奶 P.112
洋葱鲔鱼沙拉 P.46

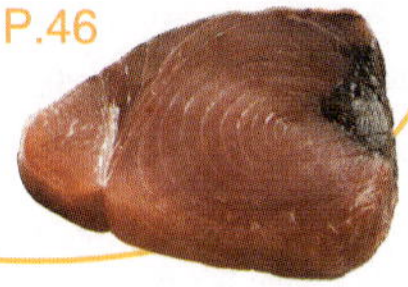

午餐
糙米饭一碗
蒜泥腱肉 P.34
腐乳空心菜 P.58

晚餐
芥末章鱼 P.39
蒜拌毛豆P.51
凤梨苦瓜汁 P.60

星期六 Saturday 总热量922千卡

早餐
日式蒟蒻凉面 P.94
自制凉豆腐 P.53
柳橙水果拼盘 P.136

午餐
番茄意大利面 P.22
芝麻杏鲍菇 P.64
起司酱青花菜 P.74

晚餐
海带芽银鱼汤 P.45
冰心话梅甜椒 P.90
石莲花蜜汁 P.128

星期日 Sunday 总热量884千卡

早餐
烤芋心甘薯 P.28
凤梨酸奶 P.122

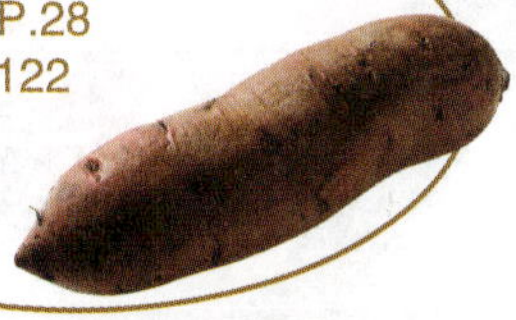

午餐
荞麦干贝皮蛋粥 P.25
自制凉豆腐 P.53
黑木耳榨菜丝 P.70

晚餐
黄芪当归虾仁汤 P.40
辣椒芽菜 P.154
葡萄柚蜜茶 P.116

附录三

食物酸碱度一览表

食物的酸碱性不单靠味觉来判定。所谓食物的酸碱性，取决于食物中所含矿物质的种类和含量多少的比率而定。食物含有较多的钾、钠、钙、镁、铁，经过人体消化后呈现的是碱性反应，因此属于碱性食物。若是食物含有较多的磷、氯、硫，经过人体消化后呈现酸性，则属于酸性食物。若是酸性和碱性矿物质含量一样，就称为中性食物。

碱性食物主要包括牛奶、蔬菜、水果类、海藻类、坚果类、发芽的谷类。酸性食物主要为：李子、汽水、精致淀粉类、肉类、蛋、甜食、油炸食物或奶油类、花生。

肥胖的人大多属于偏酸性体质，因为摄取较高量的肉类、精致淀粉、面包所造成。因此适合采用碱性食物减肥法来调整酸碱平衡，让身体恢复正常的新陈代谢。正常人体血液的酸碱呈现弱碱性，pH值介于7.35～7.45，若是低于或超过这个范围就会出现一些疾病的症状，严重时细胞会停止运作造成死亡，也因此身体必须保持酸碱度的平衡。若是长期都食用酸性食物如：肉类，就会耗尽身体中的钠、钾、镁、钙等矿物质，导致人体出现慢性疾病问题。此外酸性体质会降低人体吸收矿物质和各种营养素的能力，降低能量的产生，干扰细胞修复能力。

食物的酸碱性详细分类如下：

高碱性食物

芦笋
洋葱
蔬菜汁
九层塔
生菠菜

青花菜
大蒜
大麦
柠檬
西瓜

莱姆
葡萄
芒果
木瓜
橄榄油

花草茶
柠檬水

中碱性食物

丝瓜
豌豆
甜菜
芹菜
莴苣
杏仁

甘薯
瓠瓜
枣子
无花果
瓜类

莓果
苹果
梨子
葡萄干
母奶

亚麻油
绿茶
枫糖浆
草莓
奇异果

低碱性食物

胡萝卜	大头菜	樱桃	藜麦	柿子
番茄	甜菜根	凤梨	黄豆起司	黄瓜
玉米	马铃薯皮	桃子	豆浆	栗子
菇类	橄榄	酪梨	羊奶	芥花籽油
圆白菜	黄豆	苋菜	羊乳起司	姜茶
甘蓝菜	豆腐	小米	乳清蛋白	野生蜂蜜
豆类	柳橙	红豆	海带	粗糖
白花菜	香蕉	黑糯米	柑橘类	

低酸性食物

熟菠菜	鹿肉	芝麻	加工蜂蜜
蜜枣	冰鱼	葵花籽	章鱼
加工果汁	蛋	玉米油	通心粉
黑麦面包	奶油	葵花油	肝脏
发芽小麦面包	酸奶	乳玛琳	农家乳酪
糙米	鲜奶油	猪油	茶
牡蛎	南瓜	可可	

中酸性食物

去皮马铃薯	燕麦	咖啡	蛋黄酱
花豆	黑麦	酒	芥末酱
皇帝豆	火鸡	白糖	醋
酸樱桃	鸡肉	红糖	火腿
罐头水果	羊肉	糖蜜	培根
白米	鲜乳	果酱	鳗鱼
荞麦	开心果	番茄酱	

高酸性食物

黑莓	甜点	乳酪	酒类
小红莓	卷心饼	调味乳	汽水
加州梅	比萨	冰淇淋	人工代糖
高糖果汁	牛肉	卡士达酱	巧克力
小麦	猪肉	花生	蛋黄
白面包	贝类	胡桃	金枪鱼
糕点	起司	啤酒	比目鱼

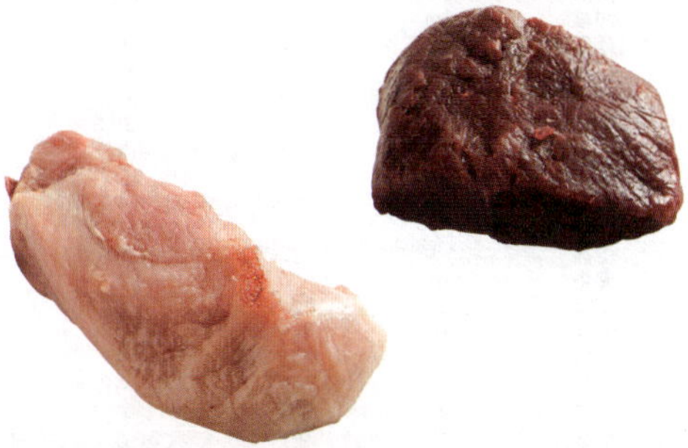

附录四

常见瘦身食材营养成分表

蔬菜名称	热量(千卡)	膳食纤维(克)	维生素A效力(RE)	维生素B_1(mg)	维生素B_2(毫克)	维生素C(毫克)	钠(毫克)	钾(毫克)	钙(毫克)	铁(毫克)	锌(毫克)
牛蒡	98	6.7	3.3	0.04	0.03	4	6	370	46	0.9	0.6
胡萝卜	38	2.6	9 980	0.03	0.04	4	79	290	30	0.4	0.3
莲藕	74	2.7	1.7	0.06	0	42	17	280	20	0.4	0.2
萝卜	21	1.3	0	0.01	0.02	18	23	200	27	0.2	0.2
竹笋	22	2.3	0	0.04	0.06	3	1	340	7	0.3	0.4
苜蓿芽	21	2	6.7	0.08	0.1	4	35	300	35	1	0.5
茭白笋	22	2.1	0.7	0.09	0.03	6.5	10	180	4	0.3	0.3
麻竹笋	21	2	0.7	0.02	0.09	3	8	280	9	0.4	0.4
黄豆芽	37	3	275	0.01	0.01	13	6	55	29	0.8	0.5
姜	20	2	0	0	0.01	3	14	280	17	0.4	0.2
芦笋	27	1.9	81.7	0.16	0.07	16	6	220	11	0.6	0.6
红葱头	87	2.9	0.2	0.09	0.04	3	11	310	20	0.7	0.5
韭菜	27	2.4	387.5	0.03	0.08	12	4	360	56	1.3	0.6
韭菜黄	17	1.7	133.3	0.05	0.03	7	6	140	14	0.3	0.3
洋葱	41	1.6	0	0.03	0.01	5	0	150	25	0.3	0.2
青葱	28	2.6	101.7	0.05	0.06	15	5	160	81	1.4	0.4
青蒜	36	3.5	300	0.04	0.07	40	6	300	82	2.2	0.4
小白菜	13	1.8	236.7	0.02	0.04	40	40	240	106	1.4	0.3
九层塔	28	3.4	1 264.2	0.06	0.18	11	2	320	177	3.9	0.5
甘蓝	23	1.3	11.7	0.02	0.02	33	17	150	52	0.3	0.2
圆白菜	23	1.3	5.7	0.02	0.02	33	17	150	52	0.3	0.2
甘薯叶	30	3.1	1 269.2	0.03	0	19	21	310	85	1.5	0.6
包心白菜	12	0.9	5	0.01	0.02	19	15	186	41	0.4	0.4
芹菜	17	1.6	71.7	0	0.04	7	71	320	66	0.9	0.3
芥菜	19	1.6	66.7	0.01	0.05	34	35	180	98	1.4	0.3
芥蓝	26	1.9	717.5	0	0.01	–	55	222	238	1.9	0.4
芫荽	28	2.5	1 033.3	0.02	0.1	63	29	480	104	3	0.4
空心菜	24	2.1	378.3	0.01	0.1	14	52	440	78	1.5	0.7
油菜	14	1.3	370	0.01	0.06	21	59	280	105	1.5	0.7
青江菜	16	2.1	198.3	0.01	0.07	32	37	280	80	1.7	0.5
美国芹菜	13	1	26.7	0.01	0.02	3	100	230	36	0.3	0.2
茼蒿	16	1.6	503.3	0.03	0.03	7	53	390	40	3.3	1.1
红凤菜	25	3.1	1 919.2	0.01	0.1	15	24	260	142	4.1	0.3
苋菜	18	2.2	214.2	0.03	0.07	15	25	530	156	4.9	0.4
菠菜	22	2.4	638.3	0.05	0.08	9	54	460	77	2.1	0.6
紫甘蓝	28	2.2	4.5	0.02	0.06	41	18	230	37	0.3	0.2
莴苣	11	0.8	0	0.02	0.06	2	12	130	24	0.4	0.2
莴苣叶	16	1.7	647.5	0.05	0.06	14	49	240	34	2.4	0.3
花椰菜	23	2.2	1.2	0.03	0.02	73	17	240	28	0.4	0.3
绿花椰菜	31	2.7	103.3	0.07	0.09	69	21	340	47	0.8	0.5
韭菜花	28	2.3	500	0.05	0.07	18	7	200	21	0.4	0.3
油菜花	31	2.3	1 420.3	0.04	0.33	93	21	240	92	1.8	0.5
冬瓜	13	1.1	0	0.01	0.02	25	5	120	6	0.2	0.1
玉米笋	27	2.4	8.3	0.02	0.7	12	2	190	14	3.9	0.5
苦瓜	18	1.9	2.3	0.03	0.02	19	11	160	24	0.3	0.2
茄子	25	2.3	3.3	0.07	0.03	6	4	200	18	0.4	0.2
胡瓜	17	0.9	28.3	0	0.02	8	8	90	16	0.2	0.2
南瓜	64	1.7	874.2	0.12	0.03	3	1	320	9	0.4	0.4
甜椒	25	2.2	36.7	0.03	0.03	94	11	130	11	0.4	0.2
丝瓜	17	0.6	0	0.01	0.02	6	0	60	10	0.2	0.2
辣椒	61	6.8	370	0.17	0.15	141	36	330	16	7.4	0.3
澎湖丝瓜	18	1.8	10.5	0.02	0.2	2	10	120	13	3.4	0.5
雪里蕻	20	1.9	338.3	0.02	0.05	29	19	280	64	0.9	0.9
梅干菜	62	8.4	488.3	0.02	0.04	–	7890	500	259	14.6	1
榨菜	28	3.5	29.2	0	0.04	–	2167	70	41	3	0.2
番茄	26	1.2	84.2	0.02	0.02	21	9	210	10	0.3	0.2
山芹菜	27	1.7	663.7	0.01	0.02	17.6	26	400	222	7.8	1
山药	73	1	0	0.03	0.02	4.2	9	370	5	0.3	0.3
海带	16	3	37.5	0	0	0	606	11	87	0.2	0.1
发菜	275	20.4	0	0.2	1.07	0	136	174	1263	33.8	2.7
木耳	35	6.5	0	0	0.05	0	28	40	33	1.1	0.1
金针菇	41	2.9	0	0	0.13	–	4	430	0	0.9	0.7
洋菇	27	1.8	0	0.02	0.3	0.1	57	350	6	1	0.6
香菇	40	3.9	0	0.02	0.14	0.2	2	280	3	0.6	1.1
草菇	34	2.7	0	0.05	0.26	0.2	3	500	4	1.5	0.9

水果名称	热量(千卡)	膳食纤维(克)	维生素A效力(RE)	维生素B_1(毫克)	维生素B_2(毫克)	维生素C(毫克)	钠(毫克)	钾(毫克)	钙(毫克)	铁(毫克)	锌(毫克)
文旦	32	1	0	0.02	0.02	32	2	110	11	0.1	0.1
柑橘	40	1.7	66.7	0.09	0.1	31	4	55	24	0.2	0.8
金枣	50	3.7	100.6	0.02	0.06	39	4	100	38	0.3	0.1
柳橙	43	2.3	0	0.06	0.04	38	10	120	32	0.2	0.1
香吉士	58	3	3.3	0.07	0.04	92	2	130	38	0.2	0.1
橘子	32	2.2	21.7	0.01	0.04	38	4	110	68	0.3	0.1
海梨	40	2.1	26.5	0.04	0.04	48	12	70	21	0.5	0.1
葡萄柚	33	1.2	46.7	0.05	0.01	38	7	60	21	0.1	0.1
柠檬	32	1	0	0.04	0.02	27	6	120	33	0.2	0.1
五爪苹果	50	1.6	3.8	0	0	2.1	4	100	3	0.1	0
青玉苹果	45	1.8	9.7	0.02	0.02	2.5	7	110	5	0.1	0.1
青龙苹果	53	1.6	356.7	0	0.01	2	10	130	5	0.1	0
富士苹果	46	1.2	4.2	0	0.01	2	3	110	5	0.2	0.1
土芒果	55	0.8	57.1	0.04	0.05	26	4	80	8	0.3	0.1
爱文芒果	40	0.8	355	0.02	0.04	21	4	90	5	0.1	0.1
加州葡萄	62	0.5	6.3	0.01	0.01	5	11	130	4	0.3	0
白葡萄	46	0.5	183.3	0.03	0.01	5	13	130	3	0.1	0.2
葡萄	57	0.6	0	0.04	0	4	7	120	4	0.2	0.1
水梨	40	1.6	0	0.01	0.01	5	12	110	3	0.2	0.2
西洋梨	60	3	5.3	0	0.01	8	36	120	11	0.1	0.1
粗梨	50	1.8	0	0.02	0.1	3	9	120	2	0.1	0.1
酪梨	58	2.5	64.2	0.01	0.02	12	4	190	8	0.4	0.3
西瓜	25	0.3	126.7	0.02	0.01	8	13	100	4	0.3	0.1
香瓜	30	0.6	20	0.01	0.04	18	16	240	7	0.2	0.2
哈密瓜	31	0.8	118.3	0.03	0.01	20	23	200	14	0.2	0.3
加州李	56	1.5	50	0	0.07	17	7	120	4	0.2	0
李子	57	1.6	33.3	0.01	0.01	3	7	120	5	0.2	0.1
水蜜桃	43	1.5	73.3	0	0.04	4	10	100	4	0.2	0.1
水蜜桃果汁	45	0	0.7	0	0	8.8	6	25	1	0.2	0
玫瑰桃	51	1.7	43.3	0	0.03	6	7	200	7	0.2	0.1
桃子	47	2.4	6.7	0	0.04	11	2	300	9	0.4	0.3
枣子	46	1.8	5	0.02	0.02	45	7	200	8	0.2	0.1
樱桃	71	1.5	1.2	0.01	0.05	12	4	220	15	1.3	0.1
山竹	71	1.5	11.7	0.02	0.06	4	6	60	12	0 .2	0.2
土芭乐	39	5	15.5	0.03	0.01	80.7	5	150	4	0.1	0.2
木瓜	52	1.7	40.7	0.03	0.41	74	4	220	18	0.2	0.2
石榴	67	4.6	1.3	0.01	0.04	15	8	200	15	0.4	0.4
百香果	66	5.3	161.7	0	0.1	32	2	200	5	0.7	0.7
红毛丹	77	1.1	0.5	0.01	0.01	8	16	160	17	0.7	0.3
枇杷	32	1.2	131.7	0.01	0.05	2	15	150	11	0.1	0.2
荔枝	59	1.3	0	0.01	0.06	51	6	180	11	0.4	0.3
泰国芭乐	38	3	15	0.03	0.01	81	5	150	4	0.1	0.2
莲雾	34	1	0	0.01	0.02	17	7	70	4	0.1	0.1
杨桃	35	1.1	1.3	0.03	0.02	26	11	100	2	0.2	0.3
榴莲	162	4.4	3.3	0.03	0.15	66	5	420	4	0.3	0.4
龙眼	73	1.1	0	0.01	0.12	88	5	260	5	0.2	0.5
释迦	104	2.7	0	0.02	0.14	99	7	390	18	0.3	0.2
芭蕉	357	3.3	0.7	0.01	0.04	17	5	320	5	0.3	0.2
奇异果	53	2.4	16.7	0	0.01	87	6	290	26	0.3	0.1
香蕉	91	1.6	2.3	0.03	0.02	10	4	290	5	0.3	0.5
柿子	68	4.7	52.8	0.01	0	46	6	150	10	0.1	0.4
草莓	39	1.8	3.3	0.01	0.06	66	18	180	14	0.5	0.2
火龙果	50	1.7	0	0	0.03	7	6	190	4	0.3	0.7
甜柿	52	1.3	134.8	0.01	0.03	79	10	150	9	1.2	0.1
凤梨	46	1.4	5.1	0.06	0.02	9	1	40	18	0.2	0.5
椰子	18	0	0	0	0	1	7	190	21	0	0.1
圣女番茄	35	1.4	716.7	0.01	0.04	67	17	180	17	0.6	0.2
红枣	252	7.7	0	0.09	0.12	1	10	597	50	1.7	0.4
黑枣	254	10.8	0	0.06	0.15	1	3	600	67	2.4	0.4
甘蔗	51	0.3	0	0.02	0.01	1.3					

海鲜名称	热量(千卡)	膳食纤维(克)	维生素A效力(RE)	维生素B_1(毫克)	维生素B_2(毫克)	维生素C(毫克)	钠(毫克)	钾(毫克)	钙(毫克)	铁(毫克)	锌(毫克)
吴郭鱼	107	–	0.9	0.01	0.08	4.3	37	402	7	0.6	0.5
乌鱼	180	–	8	0.02	0.25	8.4	55	445	6	0.8	0.6
鲭鱼	417	–	183.1	0.03	0.47	0	56	308	7	1.4	1
鲣鱼	149	–	92	0.08	0.17	0.4	50	408	8	2.5	0.4
白鲳鱼	132	–	14	0.01	0.14	0	315	183	8	0.3	0.6
鳊鱼	119	–	4	0.05	0.15	0	54	363	8	0.7	0.6
白鲈	76	–	6	0.01	0.07	0	55	432	4	0.6	0.4
海鲈	125	–	12	0.08	0.12	0	55	396	3	0.3	0.4
鲨鱼翅	174	–	0	Tr	0.05	0	7	2	46	1.5	1.2
九孔	92	–	1	0.01	2.09	0.4	327	290	46	11.4	1.4
干贝	302	–	3	0.02	0.05	0	2 424	913	71	1.5	5.3
鲍鱼	83	–	0	0.01	0.27	1.7	182	229	16	0.5	0.9
文蛤	69	–	19	Tr	0.7	1.6	469	132	131	12.9	1.2
文蚬	87	–	48.4	0.01	0.4	0.9	20	57	58	2.4	1.5
生蚝	83	–	23.4	0.06	0.32	5	103	270	149	5	15.5
牡蛎(蚵仔)	77	–	19	Tr	0.53	1.1	362	237	25	6.6	7.1
海蛤	25	–	3.2	Tr	0.13	0.3	774	124	48	3.8	0.8
章鱼	61	–	16	Tr	0.17	0.5	230	55	14	6.1	0.5
小卷	74	–	15	0.05	0.06	0	249	155	11	0.7	1.7
乌贼(墨斗鱼)	51	–	3	0.01	0.05	0.7	66	68	13	0.2	1.3
鱿鱼丝	287	–	1	0.05	0.08	0	1 782	487	37	1.2	3.7
剑虾	79	–	4.9	0.01	0.04	0.8	294	261	110	3.8	1.5
草虾	98	–	0	0.1	0.1	2.8	150	87	5	0.3	1.7
明虾	83	–	0	0.06	0.05	2.2	196	306	20	0.5	1.7
虾米	248	–	17	0.03	0.15	–	3 186	708	1 075	4.9	0.6
白海参	28	–	6	Tr	0	–	91	2	55	0.4	0.3
海蜇皮(生,湿)	26	–	0	Tr	0.01	9.8	8 127	153	31	2.6	1.2

肉类名称	热量(千卡)	膳食纤维(克)	维生素A效力(RE)	维生素E效力(毫克)	维生素B_1(毫克)	维生素B_2(毫克)	维生素C(毫克)	钠(毫克)	钾(毫克)	钙(毫克)	铁(毫克)	锌(毫克)
牛腱	123	–	3.9	0.35	0.06	0.21	0	95	208	10	3	8.5
牛肉条	250	–	23	0.84	0.05	0.17	0	67	257	6	2.8	6.1
牛后腿股肉	153	–	3.2	0.36	0.08	0.18	2.7	48	339	2	2.8	5.4
牛腿肉	117	–	1.3	0.5	0.02	0.15	3	62	348	3	3	8.3
牛肚	109	–	3	0.39	0.02	0.11	0.6	46	107	9	0.8	2
羊肉	198	–	14	0.04	0.09	0.27	–	73	327	8	0.6	1.2
大里脊(猪)	187	–	4	0.17	0.94	0.16	0.6	35	359	1	0.6	1.7
大排(猪)	214	–	9	0.21	0.68	0.2	0.6	55	318	28	1.2	2.5
小排(猪)	249	–	20	0.18	0.59	0.18	0.6	79	255	38	1.1	2.1
猪腱肉	127	–	3	0.14	0.52	0.21	7	69	297	3	1.2	4.3
猪前腿肉	124	–	3.5	0.26	1.17	0.26	0.8	54	387	3	1.3	3.3
猪前腿瘦肉	115	–	7.6	0.24	1.05	0.23	0	48	308	3	1.3	3.3
猪后腿肉	117	–	1.9	0.28	0.59	0.23	0.9	58	359	3	1.2	3.6
猪后腿瘦肉	114	–	3.9	0.2	0.77	0.14	4.3	39	408	2	1.3	2.4
猪脚	223	–	15	0.1	0.16	0.15	1	113	193	55	1	3.5
火腿	138	–	5	0.09	0.28	0.2	0.9	1008	273	13	1.4	1.3
鸭肉	111	–	13	0.26	0.36	0.52	0.9	70	317	4	3.8	1.9
里脊肉(土鸡)	109	–	8	0.1	0.07	0.08	1.8	99	335	1	0.3	0.7
里脊肉(肉鸡)	102	–	2	0.12	0.1	0.09	2.9	57	324	1	0.3	0.5
鸡胸肉(土鸡)	121	–	7	0.09	0.08	0.08	1.6	94	289	1	0.8	0.7
鸡胸肉(肉鸡)	104	–	9	0.3	0.13	0.08	2.4	49	310	1	0.4	0.4
鸡排(土鸡)	158	–	28	0.18	0.11	0.21	2.7	97	259	4	0.8	1.8
鸡排(肉鸡)	170	–	29	0.24	0.09	0.17	3	80	247	7	0.5	1.4
棒棒腿(土鸡)	143	–	18	0.23	0.09	0.19	2.2	168	251	2	0.6	2.2
棒棒腿(肉鸡)	141	–	30	0.4	0.08	0.16	2.7	118	217	2	0.5	1.7
清腿(土鸡)	142	–	13	0.22	0.08	0.2	2.1	131	255	1	0.6	2
清腿(肉鸡)	143	–	26	0.29	0.1	0.16	3.2	117	265	2	0.4	1.6
凤爪	205	–	37	0.47	0.02	0.06	0.2	86	55	25	0.8	0.6
鹅肉	187	–	45	0.11	0.07	0.33	0.6	54	234	11	1.9	1.5

附录五

市售饮料热量表

种类	单位	热量（千卡）
热红茶（无糖及奶精）	1杯	0
黑咖啡	1杯	0
健怡可口可乐	350 克/罐	1
现榨柠檬原汁（无糖）	用1粒柠檬	30
黑松麦茶	300 克/铝箔包	42.5
番茄汁	1罐	45
黑松 乌龙茶	350 克/罐	45.2
义美 野菜人家 胡萝卜加白葡萄汁	200 克/铝箔包	60
维大力	350 克/罐	68.0
高健C（低糖）	350 克/罐	71
统一 菊花茶	250 克/铝箔包	80
开特力	340 克/罐	81.6
统一 芦笋汁	250 克/铝箔包	87.5
宝矿力	340 克/罐	88.4
立顿 冰红茶	300 克/铝箔包	91.1
伯朗 哥伦比亚咖啡	250 克/罐	92
欧香 咖啡	240 克/罐	94
不二家草莓饮料	190 克/罐	96
不二家牛奶饮料	190 克/罐	97
不二家巧克力杏仁饮料	190 克/罐	97
统一 咖啡广场	250 克/铝箔包	97.5
欧香 咖啡（法式）	240 克/罐	98
伯朗 曼特宁咖啡	250 克/罐	100
高健C 香柚水	350 克/罐	102
立顿 奶茶	250 克/铝箔包	105
伯朗 咖啡	250 克/罐	107
舒跑	350 克/罐	107.2
曼仕德 咖啡	250 克/罐	107.5
曼仕德 提拉米苏咖啡	250 克/罐	107.5
伯朗 蓝山咖啡	250 克/罐	108
黑松 苹果汁加钙	250 克/铝箔包	110
曼仕德 那堤咖啡	250 克/罐	112.5
统一 芭乐汁	300 克/铝箔包	112.5
统一 麦香红茶	300 克/铝箔包	114
泰山 仙草蜜	330 克/罐	115.6
黑松 青柠香茶	350 克/罐	120

种类	单位	热量（千卡）
红牌 咖啡	300 克/铝箔包	121
黑松 柳橙汁加钙	250 克/铝箔包	121
伯朗 金典咖啡	250 克/罐	123.8
波尔茶	350 克/罐	125
波蜜 蜂蜜葡萄柚汁	330 克/铝箔包	125.1
老虎牙子（有氧气泡）	350 克/罐	125.7
光泉果茶物语 苹果茶	300 克/铝箔包	129
光泉葡萄汁	300 克/铝箔包	130
伯朗 义式咖啡	250 克/罐	130.8
黑松 蜂蜜冬瓜汁	350 克/罐	132
黑松 汽水	350 克/罐	132
统一 麦香红茶	350 克/罐	133
健酪 含钙饮料	350 克/罐	135.8
波蜜 蜂蜜柠檬汁	330 克/铝箔包	136.8
多喝水 水蜜桃口味	600 克/瓶	138
统一 苹果多	330 克/铝箔包	138.6
悦氏矿泉水（含钙）	500 克/瓶	140
悦氏矿泉水（含Fiber）	500 克/瓶	140
C&C 葡萄柚口味	350 克/罐	144
可口可乐	369 克/罐	145
维他露P	350 克/罐	145
C&C 柠檬口味	350 克/罐	150
黑松 沙士	350 克/罐	151.5
爱之味 鲜采番茄	580 毫升/罐	152.2
光泉 柳橙汁	300 克/铝箔包	154
黑松 芭乐汁加钙	350 克/罐	159
台凤 凤梨果汁	350 克/罐	165.1
光泉 卡布基诺咖啡	300 克/铝箔包	167
光泉 泡沫绿茶	300 克/铝箔包	167
现榨葡萄原汁（无糖）	用36粒葡萄	180
现榨柳橙原汁（无糖）	用3粒柳橙	180
美研社青草茶	500 毫升	180
美研社玫瑰茶	500 毫升	185
果漾	600 克/瓶	216
韦恩咖啡	300 克/罐	228

备注：参考市售商品上的食品营养标示

附录六

市售零食类热量表

种类	单位	热量（千卡）
EXTRA	1片	8
口香糖	1包	120
波尔口香糖	1片 1包	8.8 70.4
高冈屋海苔	1包（3 克）	10
盛香珍蒟蒻果冻	1个（17 克）	14.9
伯朗咖啡锭	15.2 克	62
波尔葡萄、蓝莓、柠檬锭	1包（8粒）	62.4
日式苏打饼干	1包 1盒	75 750
ㄋㄟㄋㄟ补给站	5包（1 ser） 1盒	113 339
掬水轩高纤苏打	1包 1盒	124 744
LOTTE Chocopie	28 克（1ser） 1盒	130 780
孔雀饼干	30 克（1ser） 1盒	140 630
孔雀香酥脆	33 克	150
义美花生夹心饼干	30 克（1ser） 1盒	151 906
小林花生煎饼	30 克（1ser） 1包	160 640
鲜之味	1包	164
义美椰奶巧酥	30 克 1盒	170 680
义美牛奶泡芙	1包	216
义美巧克力泡芙	1包	216
义美柠檬夹心饼干	3片 1盒	151 604
宝ㄎㄚㄎㄚ	1包	212.2
金牛角	40 克	217
乖乖（巧克力）	1包	230

种类	单位	热量（千卡）
欧维氏双色	1包	242
脆果巧克力	1盒	726
虾味先	1包	257
波卡奶焗香松	1小包 1盒	275 550
乖乖（奶油椰子）	1包	276
喜年来蛋卷	50 克（1ser） 1盒	282 394.8
华元蔬菜饼	1包	309.3
真鱿味	1包	320.7
乖乖（五香）	1包	322
元本山海苔	100 克	334.3
卡迪那洋芋片	60 克（1包）	337.4
波卡香葱鸡汁	1小包 1盒	364 728
波的多洋芋片	1包	366.4
可乐果	84 克（1包）	420
森永牛奶糖	100 克	421.8
欧斯麦苏打饼	100 克	463
蜜兰诺卡布奇诺塔	100 克	495
烧番麦	1包	505
虾味饼	102 克（1包）	514
ACE 饼干	100 克 1盒	525 1 165.5
新贵派起酥	100 克	571
蜜兰诺松塔	100 克	589
统一科学面	1包	196
FRAC COSTA	2片	130
巧克力夹心饼干	1包	715
味王王子面	1包	189
ANDES薄荷巧克力	8片 1盒	210 735

参考资料：市售商品之食品营养标示

附录七 即时粥、泡面热量表

种类	单位	热量（千卡）
光泉 香菇赤肉粥	1碗	110.7
光泉 鲑鱼粥	1碗	129
高顿 吻仔鱼粥	1碗	176
统一 肉燥米粉	1碗	283.2
统一 肉燥米粉	单包	291.5
来一客（韩式泡菜）	1碗	311.8
来一客（鲜虾鱼板）	1碗	318.4
来一客（川辣牛肉）	1碗	335.1
来一客（肉燥菠菜）	1碗	343.3
来一客（京炖肉骨）	1碗	358.3
维力 炸酱面	单包	403.2
阿Q 大骨汁米粉	1碗	408.4
统一 拉面道（味噌 ）	1碗	411
味王 来这套（公牛面）	1碗	415
统一 鲜虾面	单包	415.7
统一 肉燥面	1碗	450.8
阿Q 韩式泡菜面	1碗	457
统一 葱烧牛肉面	1碗	459.5
统一 拉面道（喜多方）	1碗	467
维力 炸酱面（素食）	1碗	471.5
统一 肉燥面	单包	470
统一 拉面道（博多白汤）	1碗	475
统一 肉骨茶面	1碗	481.9
维力 炸酱面（非素食）	1碗	484.8
金车 香菇肉燥面	1碗	491
金车 味噌拉面	1碗	500
金车 正油拉面	1碗	502.8
金车 日式豚骨拉面	1碗	506.9
金车 红烧牛肉面	1碗	530
阿Q 鸡汁排骨面	1碗	558.1
维力 红烧牛肉面	1碗	640
一度赞 葱烧牛肉面	1碗	640
满汉 （珍味牛肉面）	1碗	654
满汉 （葱烧牛肉面）	1碗	656
满汉 （麻辣锅牛肉面）	1碗	656

参考资料：市售商品上的食品营养标示

附录八 糕点类热量表

种类	单位	热量（千卡）
小餐包25克	（约1个）	70
萝卜糕50克	（6厘米×8厘米×1.5厘米）	70
猪血糕30克	（2厘米×7厘米×1厘米）	70
芋头糕60克	（3厘米×7厘米×1厘米）	71
甜年糕30克	（2厘米×7厘米×1厘米）	72
马来糕25克	（3厘米×8厘米×1厘米）	79
温州馄饨	70 克（约2个）	99
小笼包	42 克/个	101
猪肉水饺	50 克（约4个）	102
韭菜水饺	45 克（约4个）	102
烧卖	60 克（约2个）	105
蒸肉圆	100 克/个	134.7
韭菜合子	75 克/个	159
鲜肉汤圆	58.3 克（约3个）	165
芋泥包	74 克/个	200
牛肉馅饼	90 克/个	200
豆沙包	84 克/个	202
素菜包	90 克/个	204
鲜肉包	80 克/个	206
芝麻汤圆	60 克（约3个）	206
银丝卷	75 克（约1个）	210
奶酥面包（小）	60 克（约1个）	222
菠萝面包（小）	60 克（约1个）	231
叉烧包	100 克/个	262.5
芝麻包	80 克/个	280
油条	45 克（约1根）	252
烧饼	80 克（约1个）	256
冷冻馒头	120 克（约1个）	280
锅贴	135 克（约4个）	309
肉粽	168 克/个	392
山东馒头	180 克（约1个）	420
传统饭团	180 克（约1个）	603
土司一片	25 克（去边一片）	70

附录九 运动消耗热量表

运动类型	每千克体重运动每小时可消耗的热量（千卡）	体重60千克运动15分钟可消耗的热量（千卡）
下楼梯15阶	1.012	15.18
上楼梯15阶	1.036	15.54
骑脚踏车（8.8千米/小时）	3.0	45
走路（4千米/小时）	3.1	46.5
高尔夫球	3.7	55.5
保龄球	4.0	60
快步走（6千米/小时）	4.4	66
划船（4千米/小时）	4.4	66
游泳（0.4千米/小时）	4.4	66
跳快舞	5.1	76.5
溜轮鞋	5.1	76.5
骑马（小跑）	5.1	76.5
羽毛球	5.1	76.5
排球	5.1	76.5
乒乓球	5.3	79.5
溜冰刀（16千米/小时）	5.9	88.5
网球	6.2	93
攀岩（35米/小时）	7.0	105
滑雪（16千米/小时）	7.2	108
手球	8.8	132
骑脚踏车（20.9千米/小时）	9.7	145
拳击	11.4	171
划船比赛	12.4	186
跑步（16千米/小时）	13.2	198

资料来源：卫生署，体重控制秘诀单张

图书在版编目(CIP)数据

瘦身食材事典：100种食物让你越吃越瘦 / 张湘宁编著．—北京：中国农业大学出版社，2009.3

ISBN 978-7-81117-637-7

Ⅰ.瘦… Ⅱ.张… Ⅲ.减肥－菜谱 Ⅳ.TS972.161

中国版本图书馆CIP数据核字（2008）第189659号

书　　名　瘦身食材事典/100种食物让你越吃越瘦

作　　者　张湘宁　编著

策划编辑　六睿工社　　**责任编辑**　张秀环

装帧设计　祥 云 社　　**责任校对**　王晓凤　陈　莹

出版发行　中国农业大学出版社

社　　址　北京市海淀区圆明园西路2号　　**邮政编码**　100193

电　　话　发行部 010-62731190，2620　　读者服务部 010-62732336

编辑部 010-62732617，2618　　出　版　部 010-62733440

网　　址　http://www.cau.edu.cn/caup　　**e-mail**　cbsszs@cau.edu.cn

经　　销　新华书店

印　　刷　北京鑫丰华彩印有限公司

版　　次　2009年3月第1版　　2009年3月第1次印刷

规　　格　889×1 194　24 开本　7.25 印张　279 千字

定　　价　28.00元

图书如有质量问题本社发行部负责调换